用于国家职业技能鉴定

国家职业资格培训教程

GUOJIA ZHIYE ZIGE PEIXUN JIAOCHENG

豆制品工艺师

（国家职业资格二级）

编审委员会

主　任　刘　康
副主任　张亚男
委　员　卫祥云　李里特　吴月芳　石彦国　胡耀辉
　　　　蔡祖明　季　凯　沈建华　张玺麟　杨林其
　　　　杨　林　张小宝　陈金财　金兴仓　赵广春
　　　　林榆生　陈　蕾　张　伟

编审人员

主　编　吴月芳
副主编　蔡祖明　胡耀辉　邱远东
编　者　于寒松　董国强　王春杰　张美琳　白云龙
　　　　王丽英　王瑞芝　程勇强　张一震　陈　涛
　　　　刘海波　刘滨城　刘俊梅　朴春红　李琢伟
　　　　巩宝亮
主　审　李里特
审　稿　陈明海　于爱群　王常敏　林治海　宋　清
　　　　商为民　李旻怡　董　梅

中国劳动社会保障出版社

图书在版编目(CIP)数据

豆制品工艺师：国家职业资格二级/中国就业培训技术指导中心组织编写. —北京：中国劳动社会保障出版社，2012

国家职业资格培训教程

ISBN 978-7-5045-9661-1

Ⅰ.①豆… Ⅱ.①中… Ⅲ.①豆制品加工-技术培训-教材 Ⅳ.①TS214.2

中国版本图书馆 CIP 数据核字(2012)第 063980 号

中国劳动社会保障出版社出版发行

（北京市惠新东街1号 邮政编码：100029）

出版人：张梦欣

*

北京世知印务有限公司印刷装订 新华书店经销

787 毫米×1092 毫米 16 开本 12.5 印张 216 千字

2012 年 5 月第 1 版 2012 年 5 月第 1 次印刷

定价：31.00 元

读者服务部电话：010-64929211/64921644/84643933

发行部电话：010-64961894

出版社网址：http://www.class.com.cn

版权专有 侵权必究

举报电话：010-64954652

如有印装差错，请与本社联系调换：010-80497374

前　言

为推动豆制品工艺师职业培训和职业技能鉴定工作的开展，在豆制品工艺师从业人员中推行国家职业资格证书制度，中国就业培训技术指导中心在完成《国家职业标准·豆制品工艺师》(试行)(以下简称《标准》)制定工作的基础上，组织参加《标准》编写和审定的专家及其他有关专家，编写了豆制品工艺师国家职业资格培训系列教程。

豆制品工艺师国家职业资格培训系列教程紧贴《标准》要求，内容上体现"以职业活动为导向、以职业能力为核心"的指导思想，突出职业资格培训特色；结构上针对豆制品工艺师职业活动领域，按照职业功能模块分级别编写。

豆制品工艺师国家职业资格培训系列教程共包括《豆制品工艺师（基础知识）》《豆制品工艺师（国家职业资格三级）》《豆制品工艺师（国家职业资格二级）》《豆制品工艺师（国家职业资格一级）》4本。《豆制品工艺师（基础知识）》内容涵盖《标准》的"基本要求"，是各级别豆制品工艺师均需掌握的基础知识；其他各级别教程的章对应于《标准》的"职业功能"，节对应于《标准》的"工作内容"，节中阐述的内容对应于《标准》的"能力要求"和"相关知识"。

本书是豆制品工艺师国家职业资格培训系列教程中的一本，适用于对二级豆制品工艺师的职业资格培训，是国家职业技能鉴定推荐辅导用书，也是二级豆制品工艺师职业技能鉴定国家题库命题的直接依据。

本书在编写过程中得到杭州华源豆制品有限公司、连云港日丰钙镁有限公司等单位的大力支持与协助，在此一并表示衷心的感谢。

中国就业培训技术指导中心

目 录

第1章 豆制品生产工艺管理 …………………………………… （1）

第1节 豆制品生产工艺制定 ………………………………… （1）

学习单元1 生产工艺流程的设计 ……………………………… （1）

学习单元2 试生产及生产工艺参数确定 ……………………… （21）

第2节 豆制品生产工艺控制 ………………………………… （45）

学习单元1 豆制品生产过程中常见工艺问题调整与控制 …… （45）

学习单元2 豆制品生产过程中的危害因素分析与关键点控制 ……… （67）

第2章 豆制品品质控制 …………………………………………… （81）

第1节 豆制品原辅材料及包装材料的品质控制 …………… （81）

第2节 豆制品生产线上的品质控制 ………………………… （99）

学习单元1 豆制品生产线上常见的质量问题 ………………… （100）

学习单元2 半成品企业标准的制定 …………………………… （111）

第3节 豆制品成品品质控制 ………………………………… （114）

学习单元1 豆制品成品常见的质量问题 ……………………… （114）

学习单元2 企业产品质量标准的制定 ………………………… （136）

第3章 豆制品产品开发及改进 ………………………………… （155）

第1节 市场调查 ……………………………………………… （155）

第2节 新产品研制 …………………………………………… （161）

第4章　培训与指导 …………………………………………（175）
　　第1节　培训 …………………………………………………（175）
　　第2节　指导 …………………………………………………（184）

参考文献 ……………………………………………………………（192）

第1章 豆制品生产工艺管理

第1节 豆制品生产工艺制定

 学习目标

➢ 能设计和拟定豆制品生产工艺流程

➢ 能根据豆制品生产工艺原理和实验数据拟定制浆工艺参数

➢ 能根据豆制品生产工艺原理和实验数据拟定凝固、成型工艺参数

➢ 能根据卤、炒、炸制品生产工艺原理和实验数据拟定加工工艺参数和调味料配方

➢ 能根据腐乳生产工艺原理和实验数据拟定前期发酵、腌制和后期发酵工艺参数

➢ 能根据腐竹生产工艺原理和实验数据拟定成膜、干燥工艺参数

➢ 能根据豆浆粉生产工艺原理和实验数据拟定喷雾干燥工艺参数

 **学习单元1 生产工艺流程的设计**

生产工艺设计是生产总体设计的主导,它起着贯穿生产全过程并且组织协调各

专业设计的作用,其他配套设计必须根据生产工艺提出的要求,来进行设计。豆制品生产工艺设计的范围是负责豆制品工厂生产工艺流程设计和各生产车间的设计,并向配套设计提出设计依据和要求。由此可见,生产工艺设计是整个工厂设计的基础。生产工艺流程设计是工艺设计的一个重要内容和环节,它通过工艺流程图的形式,形象地反映了豆制品生产由原料进入系统到产品输出的全过程,其中包括:(1)物料和能量的变化;(2)物料的流向;(3)产品生产所经历的工艺过程和使用的设备仪表。

工艺流程设计集中表现了整个过程的全貌,是设计的核心。设计工作包括设备选型、工艺计算、设备布置等工作,这些工作都与工艺流程有直接关系。只有确定工艺流程以后,其他工作才能开展,工艺流程涉及各个方面,而各方面的变化又反过来影响工艺流程设计。因此,工艺流程设计动手最早,结束最晚。

一、豆制品生产工艺流程设计原则和要求

选用先进合理的工艺流程并进行正确设计,对豆制品工厂建成投产后的产品质量、生产成本、生产能力、操作条件等均产生重要影响。工艺流程设计是原料到成品的整个生产过程的设计,是根据原料的性质、成品的要求把生产过程及设备组合起来,并通过工艺流程图的形式,形象地反映豆制品生产由原料进入到产品输出的过程,其中包括物料和能量的变化、物料的流向以及生产中所经历的工艺过程和使用的设备仪表。

1. 豆制品生产工艺流程设计的原则

(1) 先进性和科学性

主要是指豆制品生产技术上的先进和经济上的合理可行。具体包括原材料特性、产品(成品)品种与规格、基建投资、产品成本、消耗定额和劳动生产率等。在豆制品生产工艺流程设计时,应选择物料损耗小、循环量少、线路短、能量消耗小和回收利用好的生产方法和工艺流程。

(2) 可靠性和可发展性

可靠性是指豆制品生产所选择的生产方法和工艺流程是否成熟可靠(不成熟的工艺技术会造成极大的浪费),同时应充分考虑项目的可持续发展。因此,对于尚在试验阶段的新技术、新工艺、新设备应慎重对待,要防止只考虑新的一面,而忽略不成熟、不稳妥的一面。坚持一切经过试验原则,不允许把未来的生产当作试验工厂进行设计。

(3) 生产的安全性

豆制品生产工艺过程要配备较完善的控制仪表和安全设施，如安全阀、报警器、阻火器、呼吸阀、压力表、温度计等。加热介质尽量采用高温、低压、非易燃易爆物质等。

(4) 适用性和灵活性

在豆制品生产工艺流程设计时，不能单从技术观点考虑问题，还应结合当地具体情况灵活处理。例如，豆制品生产工艺流程设计要充分考虑以下具体情况：

1) 中国人的消费水平及各种产品的消费趋势。
2) 中国豆制品机械设备及电气仪表的制造能力。
3) 项目相关的生产用原辅料及设备材料的供应情况。
4) 中国环境保护的有关规定和"三废"排放情况。
5) 劳动就业与食品生产自动化关系。
6) 资金筹措情况。

以上四项原则必须在生产方法和工艺流程的选择中全面衡量、综合考虑，设计人员必须对可能采取的生产方法与工艺流程全面分析对比，并根据建设项目的具体要求，选择不仅对现在有利而且对将来也有利的工艺技术。

2. 豆制品生产工艺流程设计的要求

(1) 加工原料的性质

依据加工原料品种和性质的不同，选用和设计不同的工艺流程。如果经常需要改变原料品种，应选择适应多种原料生产的工艺。如果加工原料品种单一，则应选择单纯的生产工艺，以简化工艺和节省设备投资。

(2) 产品质量和品种

依据产品用途和质量等级的要求，设计不同的工艺流程。

(3) 生产能力

生产能力取决于原料的来源和数量、配套设备的生产能力、生产的实际情况预测、加工品种的搭配、市场的需求情况等。生产能力大的工厂，可选择较复杂的工艺流程和较先进的设备；生产能力小的工厂，可选择较简单的工艺流程和设备。

(4) 地方条件

在设计工艺流程时，还应考虑当地的工业基础、技术力量、设备制造能力、原材料供应情况及投产后的操作水平等。

(5) 辅助材料

如水、电、蒸汽、燃料的预计消耗量和供应量。

二、豆制品生产工艺流程设计的任务

生产路线选定之后,即可进行工艺流程设计。它和车间布置设计是决定整个车间(装置)基本面貌的关键性步骤,对设备设计和管路设计等单项设计也起着决定性的作用。

豆制品生产工艺流程设计包括两个方面:一是确定豆制品生产流程中各单元生产过程的具体内容以及单元操作的顺序和组合方式;二是绘制工艺流程图,以图解的形式表示生产过程,当原料经过各个单元操作过程制得产品时,物料和能量发生的变化及其流向,以及采用哪些加工过程和设备,再进一步通过图解形式表示出管道流程和计量控制流程。

豆制品生产工艺流程设计的任务包括以下几个方面:

1. 确定整个流程的组成

工艺流程反映了由原料制得产品的全过程。

2. 确定每个过程或工序的组成

采用多少设备和由哪些设备来完成这一生产过程,以及各种设备之间应如何连接,并明确每台设备的作用和它的工艺参数。

3. 确定操作条件

为了使每个过程、每台设备正确地起到预定作用,应当确定整个生产工序和每台设备的操作条件。

4. 确定控制方案

为了正确实现并保持各个生产工序和每台设备本身的操作条件,选用合适的控制仪表。

5. 合理利用原料及能量

计算出整个装置的技术经济指标,要合理地做好能量回收与综合利用,降低能耗。据此确定水、电、蒸汽和燃料的消耗。

6. 制定"三废"的治理方法

除了产品和副产品外,对全流程中所排出的"三废"要尽量综合利用,对于无法回收利用的,则须进行妥善处理。

7. 制定安全生产措施

配备完善的安全设施,制定相关的安全操作规范等。

三、工艺流程设计环节

豆制品生产工艺流程设计主要包括以下几个环节:

1. 原料处理过程

产品确定后,根据生产特点,对原料提出工艺条件要求,如纯度、压力、加料方式等。

2. 生产过程

根据生产的特点、产品的要求、物料特性、基本工艺条件等决定采用的设备类型和操作方式(连续性的还是间歇性的)。

3. 产后处理

根据生产加工特性和产品质量要求,对可能会出现下列情况进行处理:

(1) 副产品及不合格品的产生。

(2) 过剩原料回收分离。

(3) 杂质净化。

4. 产品的后处理

经过加工处理后的产品,有些是下一工序的原料,有些可做成品进行销售,但还需要进一步的后处理,如筛分、灌装、计量、包装、贮存、输送等。这些过程都需要有一定的工艺设计装置。

5. 副产品、不合格品的处理

根据副产品、不合格品的特点,设计相应的单元操作过程。

6. 确定"三废"排出物的处理措施

排放的"三废"加以回收,无法回收应妥善处理,达到排放标准。做到"三废"治理与环保工程相统一。"三废"治理工艺应与生产工艺同时设计、同时施工、同时投产运行。

7. 确定公用工程的配套措施

生产中必须使用的工艺用水(包括作为原料的软水、冷却水、溶剂用水等)、蒸汽(原料用汽、加热用汽、动力用汽及其他用汽等)、压缩空气、氮气等以及冷冻、真空都是生产工艺流程设计中要考虑的配套设施。还要考虑生产用电、上下水、空调、采暖通气等,都必须密切配合。

8. 确定操作和控制方案

包括流程中各个单元设备的物料流量(投料量)、组成、温度、压力等,并提出控制方案,以确保产品合格。

9. 安全生产措施

根据物料性质和生产特点,在工艺流程设计中除设备材质和结构安全外,还要设置事故槽、安全阀、放空管、安全水封、防爆板、阻水栓等安全设施,以保证安全生产。

10. 保温、防腐的设计

这是工艺流程设计的最后一项工作,也是施工安装的最后一道工序。根据介质的温度、特性和状态以及周围环境状况,决定管道和设备是否需要保温和防腐。

四、豆制品生产方法和工艺流程的确定

1. **搜集资料**

要根据方案和生产规模,有计划、有目的地搜集国内外同类产品生产厂家的有关资料,包括技术、工艺参数、原材料来源、公用工程单耗、产品质量、规格、"三废"治理等。具体包括以下几个方面:

(1) 国内外生产情况,生产方法及工艺流程。

(2) 原料来源及产品应用情况。

(3) 试验研究报告。

(4) 安全技术及劳动保护措施。

(5) "三废"处理及综合利用。

(6) 生产技术是否先进,生产连续化、自动化程度。

(7) 设备的大型化及制造、运输情况。

(8) 基本建设投资、产品成本、占地面积。

(9) 水、电、汽、燃料的用量及供应,主要基建材料的用量及供应。

(10) 厂址、地质、水文、气象等资料。

(11) 车间(装置)环境与周围的情况。

2. **落实设备**

设备是完成生产过程的重要条件,对生产中所用设备要分清三种类型:一是国内已有定型产品的;二是进口的产品;三是国内需重新设计制造的产品。并对制造单位的技术力量、加工条件、材料供应、加工进度等加以了解。各类豆制品生产中使用的主要设备如下:

(1) 大豆输送设备

1) 斗式提升机。利用皮带运动,带动挂在皮带上的料斗,从下部将物料提升到上部的设备。

2) L形刮板输送机。采用联接链勾,在封闭或半封闭矩形壳体内运动,依靠与物料之间的摩擦力带动物料,达到输送目的的设备。

3) 风力输送设备。利用风机工作形成的负压或正压,把一定浓度比的物料和

空气输送到预定位置的设备。

4) 螺旋式输送机。利用旋转的螺旋片,将物料在固定的外壳内推移,由于物料的重力和相对于槽壁的摩擦力的作用,物料不随螺旋片旋转,而是水平向前移动,达到输送物料目的的设备。

5) 输送泵。通过中心叶轮的旋转产生离心力,浆液从翼轮中心甩向泵腔从出口流出,与此同时,泵中心形成一定的真空,使浆液不断从吸管吸入,形成连续输送的设备。

6) 真空吸料设备。利用真空泵把系统内的容器和管道抽成真空,吸料管插入泡料槽,由于泡料槽是开放的,与系统内的料罐之间产生压力差,使物料从泡料槽输送到其他容器的设备。

(2) 大豆清杂设备

大豆清杂设备主要用于清除大豆中泥沙、石块、草屑及金属碎屑等杂质。

1) 旋水分离器。利用水流的旋转作用力,使大豆与杂质产生的离心力不同从而达到分离清杂的目的。

2) 机械振动筛。分级设备,是利用振子激振所产生的复旋型振动而实现分级清杂工作的设备。

3) 吹式比重去石机。根据物料比重不同,对物料进行再清理的设备,主要用于去除大豆中的并肩石(与大豆大小一样的石头)。

4) 磁选机。利用磁铁清除大豆中磁性杂质的设备。

(3) 大豆浸泡设备

主要用于浸泡大豆。

1) 大豆泡料桶。用于大豆浸泡的不锈钢容器,设有排水口、出料口。

2) 圆盘泡料设备。由托盘、支撑轴承、液压油缸、控制系统及若干个泡料桶组成的圆形、可以控制转动的机械化泡料设备。

(4) 磨浆设备

主要磨浆的设备按磨片或磨头的材质,可分为以下几种,即石磨、钢磨、砂轮磨、陶瓷磨等。

1) 石磨。磨片材质为石料的大豆研磨设备。

2) 钢磨。利用一对或多对带有齿形的铸铁磨片的大豆研磨设备。

3) 砂轮磨。磨片材质为砂轮的大豆研磨设备。

4) 陶瓷磨。利用一对或多对带有齿形的陶瓷磨片的大豆研磨设备。

5) 胶体磨。也叫轴流磨,是磨片材质为不锈钢的大豆研磨设备。

(5) 浆渣分离机

豆制品生产中用于豆浆液和豆渣分离的设备。

1) 离心机。利用离心力，将豆浆与豆渣分离的设备。

2) 挤压分离机。利用螺旋挤压的方式，将豆浆与豆渣分离的设备。

(6) 煮浆罐

用于煮浆的设备，由中间夹有隔热保温层的内桶与外桶构成。

1) 间歇煮浆设备。由一个或几个底部接有蒸气管道的贮浆罐组成，让蒸汽直接冲进贮浆罐内，依靠蒸汽带入的热量将豆浆煮沸的设备。

2) 封闭式溢流煮浆罐。由几个封闭式阶梯罐组成，罐与罐之间由管路相连，每一罐都接有蒸汽管道并有保温夹层的煮浆设备。

(7) 抽浆泵

用于豆浆输送的泵。

(8) 自动点浆机

自动计量、添加凝固剂的设备。

(9) 豆腐翻板机

自动上脑和压制成型的机器。

(10) 压榨机

将豆腐脑加压成型的设备。

(11) 泼片机

制造干豆腐（豆腐片/千张/百叶）的专用设备，是一个网式传动带，铺上豆包布，在布上泼撒一定厚度的豆腐脑，再用同样的豆包布盖在上面，在运行中脱水，折叠后再送入豆腐干压榨机的系统设备。

(12) 豆腐干压榨机

也叫油压豆干机，是制作豆干的压榨成型设备。

(13) 脱布机

将压好的豆腐片从泼片机揭下并脱去豆包布的专用设备。

(14) 切干机

切制白干的设备。

(15) 灌封机

也叫塑盒自动封盖机。适用于各种豆浆、豆腐等产品的生产，能自动完成塑（纸）杯（盒）的自动落杯、灌装、日期打印、光电定位、封口、自动对芯剪切及废膜回收等功能的设备。

(16) 自动分割装盒机

豆制品的装盒包装设备。能自动完成折叠、纸盒打开、物品装盒、打印批号、封盒等工作的设备。

(17) 封口机

将充填有豆制品的容器进行封口的机械。

(18) 恒温水槽

可制热或制冷并保持恒温的机组设备，在豆制品生产中常用于各种产品加热杀菌和降温冷却等过程。

(19) 均质机

液体质料均质细化专用设备。能使豆浆浆液在挤压、强冲击与失压膨胀的三重作用下细化混合的设备。

(20) 板式热交换器

将许多板片和密封胶垫，按顺序排列，板与板之间形成不同的流道，相邻流道流经两种不同的液体，进行热量交换的设备，适用于豆浆的加热或冷却。

(21) 冷热缸

也叫老化缸。用于加热、冷却、保温、杀菌处理或贮藏浆液的不锈钢罐。

(22) 卫生泵

也叫离心式奶泵，是用于输送豆浆的设备。

(23) 袋灌装机

由贮浆罐、定量灌装系统等组成，用于豆浆等液体豆制食品的计量灌装，包装材料为 PE/PA/PET、PE/PA 等复合膜。

(24) 旋盖机

也叫压盖机、锁盖机，由上盖机和旋封机两部分组成，是用于塑料瓶、玻璃瓶（模制瓶或管制瓶）分装后的瓶盖旋紧和旋松设备。

(25) 打花机

用于千张、百叶、豆腐皮生产线中的打花，能够在比较短的时间内对豆花进行均匀搅拌处理的设备。

(26) 百叶压机

用于百叶、千张、豆腐丝坯等生产过程的压制设备，由压台和液压缸组成。

(27) 螺杆压机

豆制品生产中压制成型的设备。

(28) 夹层锅

也叫蒸汽夹层锅,是以有一定压力的蒸汽为热源进行加热的设备。

(29) 煮布槽

用于豆包布煮制杀菌的水槽。

(30) 摊晾机

用于豆腐干晾干、输送的设备。

(31) 真空包装机

能够自动抽出包装袋内的空气,达到预定真空度后完成封口工序的包装设备。

(32) 电气油炸锅

用于制作油炸豆制品的设备,由盛放油的锅体和加热底座以及控制器组成,锅体位于加热底座上,在加热底座内设置保温绝缘层和电磁感应线圈,底座的底部设置有绝缘隔热陶瓷板,电磁感应线圈通过控制器与变频感应电源连接。

(33) 冲瓶机

用于对PET瓶、PP瓶、玻璃瓶进行清洗、杀菌、吹干的设备。

(34) 蒸汽缸

利用蒸汽加热的卤制设备。

(35) 墨轮印字连续封口机

是一种适用于热封材料的封口设备,在封口的同时采用固体墨轮印制有色标签。

(36) 脱皮机

主要用于大豆脱皮的设备。

(37) 远红外收缩机

采用收缩薄膜包在产品或包装件外面,然后加热,使包装材料收缩而裹紧产品或包装件的设备。

(38) 离心筛滤浆机

用于豆制品生产中豆浆和豆渣分离的设备。

(39) 真空脱臭机

用于除去豆浆中的气体和异味物质的设备。机组包括真空脱气机、真空泵和离心泵。

(40) 离心喷雾器

将液体雾化分散开来的设备。豆粉生产过程中先对豆浆进行雾化再真空干燥。

(41) 真空浓缩锅

主要用于无需连续生产的热敏感性物质(如豆浆等),在真空条件下低温浓缩的设备。

(42) 发酵屉

也叫笼屉。腐乳生产中专门用来进行前期发酵时摆放白坯的容器。

(43) 干燥机

生产腐竹和豆粉时常用的干燥设备。利用热能降低物料水分的机械设备。

(44) 工业微波炉

对豆制品进行微波加热杀菌的设备。

(45) 挤压膨化机

用挤压膨化的原理生产豆制品的设备。

(46) 切块机

用于将压制好的豆制品坯料进行划块的设备。

(47) 前期培菌（发酵）设备

腐乳进行前期培菌（发酵）的设备。主要有传统的竹制圆形笼格，也有方形木格、长方形木格、塑料方格及长方形格、多层培菌（发酵）床及通风培菌发酵床设备等。

(48) 染色盘

是红腐乳的专用染色工具，为四方盘，一半用漏空木条板，专供腐乳染色后安放，另一半放卤，供染碱坯用。

(49) 灌汤机

主要用于腐乳汤料的灌装的设备。

(50) 贴标机

以粘合剂把纸或金属箔标签粘贴在规定的包装容器上的设备。

(51) 冲洗机

用于对产品包装容器进行冲洗的设备，将泵打出的高压液流喷淋包装容器。

(52) 面糕蒸熟机

用于将面糕蒸熟的机械。

(53) 翻曲机

用于酿造行业在制曲过程中的曲料翻动、粉碎的机械设备。

(54) 杀菌锅

用于产品杀菌的锅型设备，主要有立式杀菌锅、卧式杀菌锅、回转式杀菌锅等。

(55) 水封式连续高压杀菌设备

用于产品杀菌的一种设备，属于连续型杀菌设备。采用鼓形阀装置，在保证杀菌室密封的状态下，使罐头产品不断进出杀菌室，并保持杀菌室内的水位、压力和温度的稳定，以达到杀菌的目的。

（56）超高温瞬时灭菌设备

将食品在瞬间加热到高温而达到灭菌效果的设备。

（57）浓缩设备

1）单效升膜式浓缩设备。由单个加热器组成，料液自加热器的底部进入加热管的浓缩设备。

2）单效降膜式浓缩设备。由单个加热器组成，料液自加热器的顶部进入加热管的浓缩设备。

3）双效升膜式浓缩设备。由两个加热器组成，料液自加热器的底部进入加热管的浓缩设备。

4）双效降膜式浓缩设备。由两个加热器组成，料液自加热器的顶部进入加热管的浓缩设备。

5）三效升膜式浓缩设备。由三个加热器组成，料液自加热器的底部进入加热管的浓缩设备。

6）三效降膜式浓缩设备

由三个加热器组成，料液自加热器的顶部进入加热管的浓缩设备。

（58）喷雾干燥设备

利用雾化的方法将物料在热风中喷雾成细小的液滴，在下落过程中，水分被蒸发而成为粉末状或颗粒状的产品的设备。

（59）无菌包装设备

在无菌环境下，把无菌的或预杀菌的物料充填到无菌容器并密封的设备。

五、豆制品生产工艺流程设计的步骤

豆制品生产工艺流程设计牵涉面很广，其目的是把各个生产过程按一定的顺序和要求有机地组合起来，进而绘出生产工艺流程图来指导设备安装和生产操作。

豆制品生产工艺流程设计所涉及的内容繁多，往往要经过几个反复才能确定，是一个由定性到定量的过程。一般需要经过以下几个步骤：

1. 工艺流程示意图（定性图）设计

（1）确定生产方法和生产过程

在这个阶段,要对生产工艺流程进行方案比选。因为,一个优秀的工艺流程设计只有在多种方案的比较中才能产生。进行方案比较首先要明确判据,工程上常用的判据有产品产得率、原材料消耗、能量消耗、产品成本、工程投资等。此外,也要考虑环保、安全、占地面积等因素。

(2) 绘制生产工艺流程示意图

生产工艺流程示意图是用文字或框图形式来表明物料、设备的名称,并以箭头方式表明物料的流向。又可分为全厂物料流程图和车间(工序或工段)物料流程图。

全厂物料流程图是在豆制品工厂设计中,为总说明部分提供的全厂总流程图样。它表明各车间(各工段)之间的物料关系。流程方向用箭头画在流程线上。图上还须注明车间名称,各车间原料、半成品和成品的名称,平衡数据及来源、去向等。

车间物料流程图是在全厂物流流程图基础上绘制的,表明车间内部工艺物料流程的图样,是进行物料衡算和热量衡算的依据,也是设备选型和设备设计的基础。它是用方框的形式来表示的生产工程中各工序或设备的简化工艺流程图。图中应包括工序名称或设备名称、物料流向、工艺条件等。

工艺流程示意图只是定性地标出由原料转化成产品的路线、流向顺序以及生产中采用的工艺过程和设备。实际设计中,有时还须画出带控制点的生产工艺流程示意图。带控制点的生产工艺流程示意图包括全部工艺设备、物料管道、阀门、设备附件以及工艺和自控仪表的图例、符号等。它是设备布置设计、仪表测量和控制设计的基本资料,并可供施工安装和生产操作时参考。图1—1为发酵豆浆的工艺流程示意图。

(3) 进行工艺计算

包括物料衡算、热量衡算以及用水量、用汽量的计算等。完成工艺流程示意图后,就可开展物料平衡计算,求出原料、半成品、产品、副产品以及与物料计算有关的废水、废料的规格、重量和体积等参数,并可根据这些参数开始设备设计。

(4) 进行设备设计和选型

一般来说,设备设计分为两个阶段:第一阶段的设计主要是计算、确定计量和贮存设备的容积以及确定具备该容积的设备的型号、尺寸和台数等;第二阶段的设计主要是解决生物反应过程中和后处理过程中单元操作的技术问题,对专业设备和通用设备进行设计或选型。通常在完成设备设计的第一阶段任务后,即开展工艺流

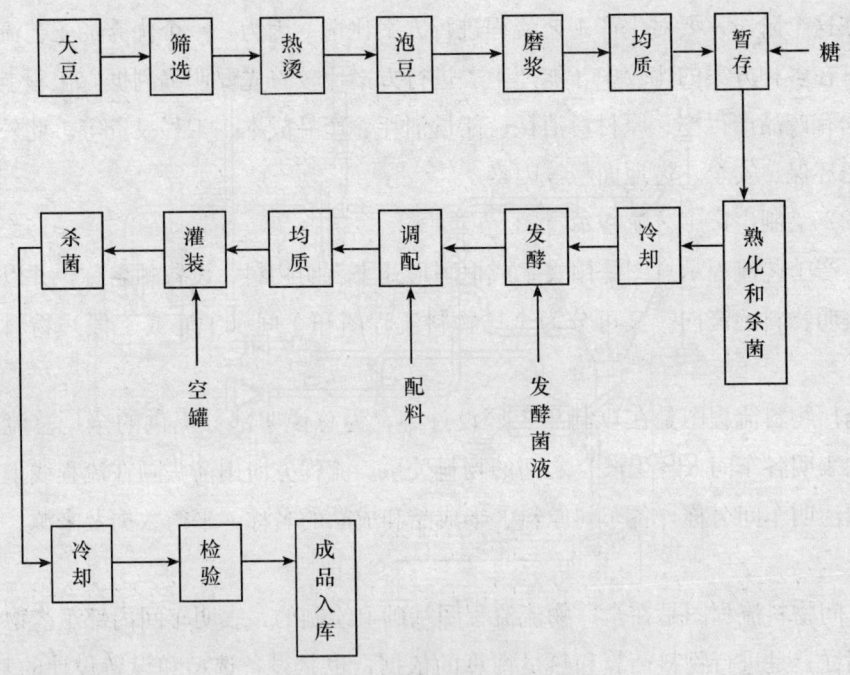

图1—1 发酵豆浆的工艺流程

程草图的设计。

2. 绘制工艺流程草图（定量图）

（1）验证并优化工艺路线。此时，应初步进行车间平面布置设计，审查生产工艺流程是否合理。

（2）确定设备之间的立面连接位置。

（3）绘制工艺流程草图。工艺流程草图是由物料流程、图例、设备一览表以及必要的文字说明所组成，一般是初步设计阶段的草图，图1—2为离心喷雾干燥的生产工艺流程草图。

3. 绘制正式工艺流程施工图

（1）工艺流程施工图

完成了工艺流程草图设计和设备设计选型后，就开始生产车间布置设计。在车间布置设计时，可能会发现工艺流程草图设计中某些设备的空间位置不合适，或某些设备的形式和主要尺寸选取不当，需要修改和完善。经过多次审查修改，确认设计合理无误后，正式绘制生产工艺流程施工图。因此，正式工艺流程施工图比工艺流程草图更加全面、完善和合理。

图1—3为施工设计阶段提供的带控制点的RNJM03—3200三效降膜式蒸发器工艺流程施工图。

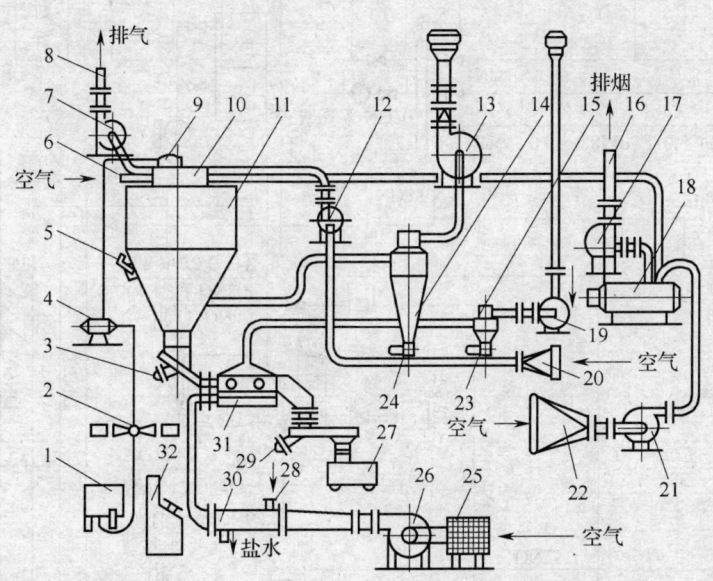

图 1—2 离心喷雾干燥的生产工艺流程草图
1—物料贮存 2—五通阀双联过滤器 3—激振器 4—螺杆泵 5—振荡器
6—冷却风圈进风 7—冷却风圈排风机 8—冷却风圈排风管 9—离心喷雾机
10—蜗壳式进风盘 11—立式塔体 12，26—通风机 13—集粉箱
14—主旋风分离器 15—细粉回收旋风分离器 16—排烟管 17—燃油炉排风机
18—燃油热风炉 19—排风机 20，25—空气过滤器 21—燃油热风炉进风机
22—空气过滤器 23，24—鼓形阀 27—集粉箱 28—冷盐水管
29—出粉振动装置 30—减湿冷却器 31—冷却沸腾床 32—仪表控制台

需要指出的是，工艺流程示意图、工艺流程草图和工艺流程施工图的设计并不是单独进行的，而是必须同物料衡算、能量衡算、设备设计以及车间布置设计等交叉进行。

作为正式的设计成果，工艺流程图将被编入设计文件，供上级主管部门审批和今后施工时使用。

(2) 工艺流程图上常用符号的表示方法

工艺流程图上的设备用细实线画出简单外形，也可参考有关标准用简化了的符号来表达某一设备。表 1—1 是工艺流程图中常用设备和机器的图例。

在使用图例时应注意以下事项：

1) 各图例在绘制时，其尺寸和比例可在一定范围内调整。一般在同一个工程中，同类设备的外形尺寸和比例应有一个定值或一规定范围。

2) 各图例在绘制时允许有方位变化，也允许几个图例进行组合或叠加。

3) 图例线条宽度一般为 0.25 mm 或 0.3 mm。

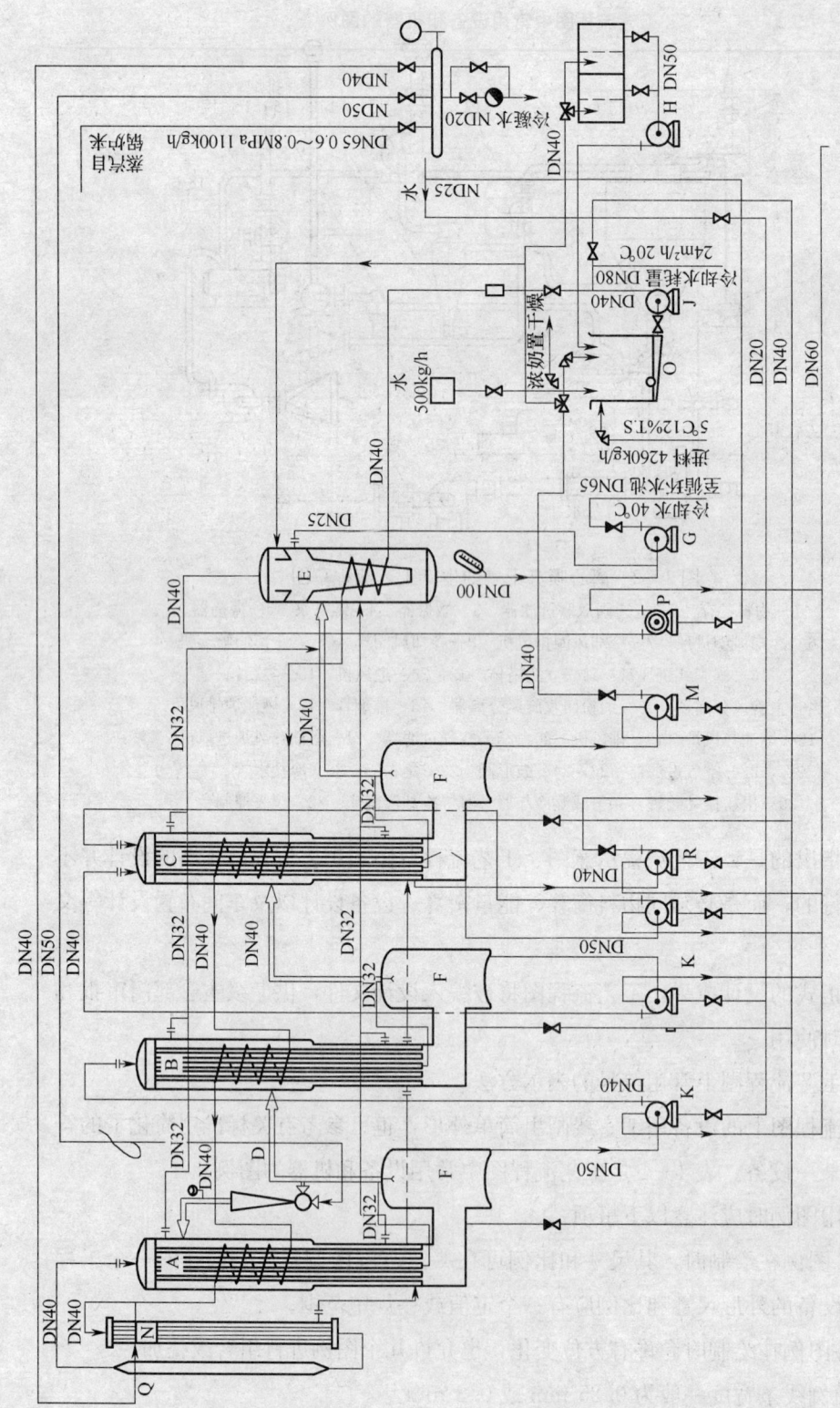

图1-3 RNJM03-3200 三效降膜式蒸发器工艺流程施工图

表 1—1　　　　　　　　　工艺流程图中常用设备和机器的图例

类型	代号	图例
塔		填料塔　　板式塔　　喷淋塔
塔内件		降液管　　受液管　　升气管 球塔　　泡罩塔塔板　　格栅板 乳阀塔塔板　　格栅板 筛板塔塔板　　丝网除沫层　　填料除沫层
反应器	R	固定床反应器　　列管式反应器　　流化床反应器　　反应斧（带搅拌夹套）

续表

类型	代号	图例
泵	P	离心泵　水环式真空泵　旋转泵齿轮泵 螺杆泵　往复泵　液涡泵 螺杆泵　往复泵　隔膜泵
压缩机	C	鼓风机　卧式旋转式压缩机　立式旋转式压缩机 离心式压缩机　往复式压缩机 二段往复式压缩机　四段往复式压缩机
工业炉	F	箱式炉　圆筒炉　圆筒炉
火炬、烟囱	S	烟囱　火炬

续表

类型	代号	图例
换热器	E	换热器（简图）　固定板式列管换热器　U型管式换热器 板式换热器　螺旋板式换热器　蛇管/盘管式换热器 短片换热器　喷淋式冷却器　刮板式薄膜蒸发器 套管式换热器　斧式换热器　浮头式列管换热器 抽风式冷却器　送风式冷却器　列管式薄膜蒸发器
起重运输机械	L	手动葫芦　手动单梁起重机　电动葫芦　电动单梁起重机　斗式提升机 手动葫芦　手动单梁起重机　带式输送机　刮板输送机　手推车
动力机		M 电动机　E 内燃机燃气机　S 汽轮机　D 其他动力机 离心式膨胀机，透导机　活塞式膨胀机

续表

类型	代号	图例
称重设备	W	带式定量给料称　　地上衡
设计内件、附件		防涡流器　防涡流器　防涡流器 加热或冷却部件　搅拌器
容器	V	干式气柜　湿式气柜　球罐 锥顶罐　地下半地下池槽坑　浮顶罐 填料除沫分离器　丝网除沫分离器　旋风分离器 卧式容器　　卧式容器 湿式电除尘器　干式电除尘器　固定床过滤器　固定床过滤器 圆顶锥底罐　螺形封头容器　平顶容器

续表

类型	代号	图例
其他机械	M	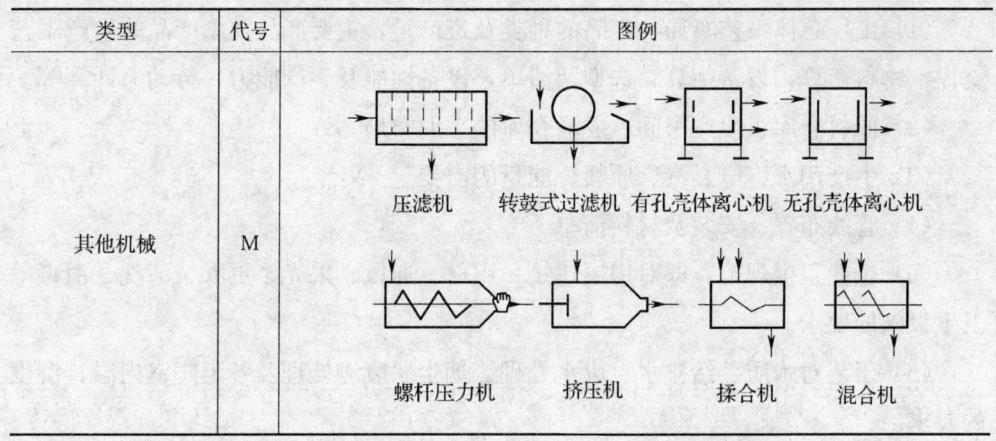 压滤机　转鼓式过滤机　有孔壳体离心机　无孔壳体离心机 螺杆压力机　挤压机　揉合机　混合机

学习单元2　试生产及生产工艺参数确定

一、实验数据转化为实际生产过程

新产品或新工艺开发的最终目的是生产出质量合格的产品以供应市场。新产品大量生产以前，必须研制出一条成熟、稳定、适合于工业生产的技术工艺路线。在实验研究阶段取得的成果必须经过中试生产、试生产才能过渡到工业化生产。各个阶段前后衔接，相互促进，任务各不相同，研究的重点也有差异，主要包括工艺参数转化、设备转化等。

1. 从实验室试验成功到工业规模的工艺设计

在实验室试验完成某项工作的工艺的一系列基础数据或者指标，这些基础参数构成了工艺操作或者设计的内容。

豆制品的生产工艺可分为前后两部分四个阶段。前部分包括第一阶段原料处理和第二阶段豆浆生产；后部分包括第三阶段成品及半成品加工和第四阶段半成品再加工。

工业规模的工艺设计就是按所生产产品的工艺要求进行工厂设计，其基本原则是按照从原料预处理、加工到包装、成品入库在一条生产流水线上，前道工序与后道工序无往返和交叉，以生产车间为单元，将各作业区域有机地分开，从车间布局、工艺流程上防止原料、半成品与成品的交叉污染。

工艺设计的主要内容与项目包括：

(1) 工厂总体工艺布局，产品的种类及班产量，主要产品及副产品的生产工艺流程，物料衡算，设备衡算、选型及清单，设备性能及生产能力，劳动力计算等。

(2) 原料仓库、生产车间、成品仓库的平面布局。

(3) 生产用水、电、汽、原料、能量的需要量。

(4) 管线布置、安装及材料清单。

(5) 企业卫生规范，即对房屋建筑、用材、通风、采光、更衣、清洗、消毒等卫生设施的要求。

(6) 工艺对水质、给排水、废水处理、烟尘、废渣处理及各工序室内温、湿度的要求。

2. 中试放大

中试放大是在实验室完成小规模生产工艺路线后，采用该工艺在模拟工业化生产的条件下所进行的工艺研究，以验证放大生产后原工艺的可行性，保证研发和生产时工艺的一致性。中试放大的目的是验证、复审和完善实验室工艺所研究确定的反应条件，及研究选定的工业化生产设备结构、材质、安装和车间布置等，为正式生产提供数据。

(1) 中试放大条件

中试放大是从实验室过渡到工业生产必不可少的重要环节，是两者之间的桥梁。实验进行到中试要具备下列条件：

1) 小试收率稳定，产品质量可靠。

2) 实验室生产条件已经确定，产品、中间产品和原理、过程的分析检验方法已确定。

3) 某些设备已具备。

4) 进行了物料衡算，"三废"问题已有初步的处理方法。

5) 已提出原材料的规格和单耗数量。

6) 已提出安全生产的要求。

(2) 中试放大方法

1) 经验放大法。主要是凭借经验通过逐级放大（小试装置—中间装置—中型装置—大型装置）来摸索反应器的特征。

2) 相似放大法。主要是应用相似原理进行放大。此法有一定局限性，只适用于物理过程放大，而不适用于化学过程的放大。

3) 数学模拟放大法。是应用计算机技术的放大法，它是今后发展的方向。

(3) 中试放大阶段的任务

1) 工艺路线和单元操作方法的最终确定。当原来选定的路线和单元方法在中试放大阶段暴露出难以解决的重大问题时，应重新选择其他路线，再按新路线进行中试放大。

2) 设备材质和型号的选择。对于接触腐蚀性物料的设备的材质选择问题尤应注重。

3) 搅拌器型式和搅拌速度的考察。混合很多是非均相的，且混合热效应较大。在小试时由于物料体积小，搅拌效果好，传热传质问题不明显，但在中试放大时必须根据物料性质和混合特点，注重搅拌型式和搅拌速度对混合的影响规律，以便选择合乎要求的搅拌器和确定适用的搅拌速度。

4) 工艺条件的进一步研究。实验室阶段获得的最佳工艺条件不一定完全符合中试放大的要求，为此，应就其中主要的影响因素，如加料速度、搅拌效果、混合器的传热面积与传热系数以及制冷剂等，进行深入研究，以便把握其在中间装置中的变化规律，找出更适用的工艺条件。

5) 工艺流程和操作方法的确定。要考虑使生产过程和后处理操作方法适用工业生产的要求。注重缩短工序、简化操作、提高劳动生产率，从而最终确定生产工艺流程和操作方法。

6) 进行物料衡算。当工艺条件和操作方法确定后，应该就一些收率低、副产品多和"三废"较多的工序进行物料衡算。产品和其他产物的重量总和等于混合前各种物料投料量的总和，是物料衡算必须达到的精确程度，以便为解决薄弱环节，挖掘节能，提高效率，回收副产物并综合利用以及防治"三废"提供数据。

7) 原材料、中间产品的物理性质的测定。为了解决生产工艺和安全措施中的问题，必须测定某些物料的性质，如黏度等。

8) 原材料、中间产品的质量标准的制定。小试中质量标准有欠完善的，要根据中试实验进行修订和完善。

9) 整个生产路线的工艺流程、消耗定额、原材料成本、操作工时与生产周期等的确定。在中试研究总结报告的基础上，可以进行基建设计，制订型号设备的选购计划等。

10) 进行非定型设备的设计制造和安装。在全部生产设备和辅助设备安装完毕后，按照施工图进行生产车间的厂房建筑和设备安装。如果试产合格且短期试产稳定，即可制定工艺规程，交付生产。

(4) 中试放大的准备工作及注意的问题

1) 设备的选择和工艺管路的改造

①根据小试的结果，在多功能、中试车间，对设备进行选择，首先应考虑设备容量是否适宜，设备材质、管路材质与工艺介质的适应性以及是否耐腐蚀，加热、冷却和搅拌速度是否符合要求。

②物料输送的方法（投料、出料、流转），如何防止跑料、凝固和堵塞等。

③物料的计量和加料的方法，如点脑如何有效控制等。

④混合中有无气体生成？会否冲料？如有必要，应加气液分离器，安装回流管等。

⑤离心、压滤等分离条件是否满足。

根据以上情况和其他工艺要求，对设备、管路进行适应性改造。

2) 投料前的预备

①对设备，尤其是新安装和技改过的设备或久置不用的设备，要进行试压、试漏工作，要结合清洗工作进行联动试车，以确保投料后能正常运转，在无泄漏的情况下，进行设备管道保温。

②做好设备的清洗和清场工作，确保不把杂物带入反应体系，防止产生交叉污染，并确保有序地工作。

③根据工艺要求和试验的需要核定投料系数，计算投料量，做到原材料配套领用、质量合格、标志清楚、分类定置安放。

④计划和预备好中间产品的盛放器具和堆放场所。

⑤进行生产条件的检查。蒸汽、冷却水和盐水是否通畅（可用手试一下阀门开启后的前后温差），阀门开关是否符合要求。

⑥物料是否均相，搅拌是否足以使它们混合均匀，固体是否沉积在底阀凹处，尤其固体原料的沉积，采取相应措施避免沉积。

⑦各种仪表是否正常？估计整个过程（物料浅满发生变化和投料偏少时）温度计是否能插到物料里？

⑧制定操作规程和安全规程。

⑨对职工进行工艺培训，讲清楚控制指标和要点，违犯操作规程的危害和管道走向，阀门的进出控制，落实超出控制指标和突发事件的应急措施等。同时，还要进行安全培训和劳动保护培训。

⑩明确项目的责任人，组织好班次，安排技术骨干跟班，明确职工与骨干、骨干与上级领导之间的沟通联络方法。

⑪做好应急措施预案和必要的预备工作。

3. 中试、试生产生产过程的注意事项

（1）严格按操作规程、安全规程操作，不能随意更改。如果发现新问题须更改，必须有充分的小试作基础。

（2）严格控制反应条件，如温度，pH值等，万一超标应及时进行处理（小试就应考虑到，小试应做过破坏性试验，找出处理办法）。

（3）注重中试、试生产时温度计的传热敏感度与小试不一样，温度变化存在滞后性，应提前预计到这一点并进行相应调整。

（4）真空系统出现漏气如何检查和应急处理，尤其在高温情况下，应及时采取应急措施。

（5）突发停电、停汽、停水、停冷冻盐水状况时，应马上分别采取必要的应急措施，如配备和启用备用电源等。

（6）注重生产中的放大效应，一般应逐步放大，不能单纯考虑进度，要循序渐进。

（7）由于不可预计因素和放大效应的存在，对单批投料量必须进行控制，实行分级审批制度。

（8）对反应过程中的现象进行认真仔细的观察，做好记录，并及时分析出现的现象，要做好小试的完善或跟踪验证工作。各相关人员必须有高度的责任心，密切关注整个生产过程的情况，及时采取措施解决出现的问题。

（9）每一步骤的终点如何判定要有明确的指标和方法，每一步进行严格控制，可与反应中出现的现象综合起来判定。

4. 安全问题

（1）充分的小试是中试和试生产成功的保证，小试多花力气，多设想各方面在中试、试生产时的实施方法和可操作性，考虑得越仔细越周到，中试、试生产就会越顺利，出现生产事故和安全事故的概率就越低。

（2）技改动火的安全是安全工作的要害。由于多项目在同一车间，一个项目在技改，其他项目在生产，或同一系统改产另一产品，或由于某一问题因未事先考虑到不得不中途进行技改。不管哪种情况，凡能移到车间外进行动火的一定要拆出去动火，尽量避免在车间内动火。不得已必须在车间内动火的，必须做好清洗和隔离工作（包括设备、容器、管道），不能留下死角，要严格动火制度。

（3）职工培训以及严格遵守规章制度和操作规程是安全工作的重点。

（4）职责分工要明确，投料前应填写"中试试生产项目情况一览表"，明确责任人，相互之间要及时沟通，要有严格的制度和高度的责任心。骨干力量要跟班，有情况及时采取应对措施。

（5）事先应预计到可能出现的安全问题、环保问题和劳动保护问题，并采取相应措施。

二、物料计算

物料计算是工艺计算的基础，在整个工艺计算中开始得最早，并且是最先完成的项目。当生产方案确定并完成了工艺流程示意图后，即可进行物料计算，设计工作即从定性分析发展到定量分析。

豆制品工厂设计中的物料计算是对整个生产过程中（即由原料至成品）物料变化的计算。通过对原材料、半成品和成品的计算，可以确定原材料的需要量、采购运输量和仓库储存量，并对生产过程所需设备、劳动定员及包装材料用量等提供依据。

1. 物料计算的步骤

（1）弄清意图

充分了解计算的目的和要求。

（2）画出物料流程图

用箭头标出各物料的进出方向、数量、组成以及温度、压力等条件，并用适当符号表明待求的未知量。

（3）整理有关设计基础数据和物化常数

基础数据包括生产规模、年生产天数、原辅料和产品的规格、组成及质量等。常用物化常数有水分含量、蛋白含量、密度、容重等。

（4）确定工艺技术经济指标

常用的工艺技术指标有原材料消耗定额，蒸煮温度、时间和压力，耗电、水、汽量，产品得率等。

（5）选定计算基准

计算基准是工艺计算的出发点，选择正确的计算基准不仅能使计算结果正确，而且使计算过程大为简化。豆制品工艺计算常用的基准有：

1）以单位时间产品量或单位时间原料量作为计算依据。

2）以单位质量、单位体积或单位物质的量的产品或原料量为计算基准。

3）以加入设备的一批原料量为计算基准。

（6）进行物料计算

由已知数据，根据质量守恒定律来计算。

(7) 校对与整理计算结果

认真校对计算结果，确保计算结果准确无误。可列出物料衡算表或绘制物料流程图来表示计算结果。

2. 物料计算范例

以下为年产 2 000 t 发酵豆浆生产车间的物料计算范例。

(1) 发酵豆浆生产工艺流程图

图1—4 为大豆经浸泡、磨浆、发酵和调配等工艺生产发酵豆浆的工艺流程示意。

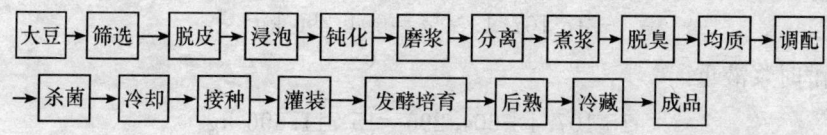

图1—4　发酵豆浆生产工艺流程

(2) 工艺技术经济指标及基础数据

1) 发酵豆浆的主要工艺技术经济指标及基础数据见表1—2。

表1—2　　　发酵豆浆主要工艺技术经济指标及基础数据

指标名称	指标	指标名称	指标
生产规模	2 000 t/年	磨浆浆液损失率（%）	1
生产天数	250 天/年	饮料含糖量（%）	9
发酵周期	72 h	发酵菌液添加量（%）	4
日产量	8 t/天	检样损失系数（%）	0.6
出浆率（豆∶浆）	1∶14	罐装浆液损失率（%）	0.8

2) 调配时添加配料配方见表1—3。

表1—3　　　　　　　配料配方

序号	配料名称	添加比例（%）
1	多聚磷酸盐	0.015
2	乳酸、柠檬酸	0.32
3	稳定剂	0.5
4	水	稳定剂的50倍
5	乳化剂	0.02
6	糖	浆的9倍

注：百分比均为质量分数。

(3) 以 1 t 大豆（原料量）为计算基准进行计算

1）1 t 大豆出浆

$$(14-14\times1\%)\times10^3\text{kg}=13\,860\text{ kg}$$

2）暂存时须加糖

$$13\,860\text{ kg}\times9\%=1\,247.40\text{ kg}$$

此时豆液重

$$13\,860+1\,247.4=15\,107.4\text{ kg}$$

3）发酵时须加入发酵菌液

$$15\,107.4\times4\%=604.296\text{ kg}$$

发酵时浆液重

$$15\,107.4+604.296=15\,711.696\text{ kg}$$

4）除去 0.6% 的检样损失，调配时浆液重

$$15\,711.696-15\,711.696\times0.6\%=15\,617.426\text{ kg}$$

5）调配时，各配料加入量计算结果见表 1—4。

表 1—4　　　　　　　各配料加入量

序号	配料名称	添加量/kg
1	多聚磷酸盐	$15\,617.426\times0.015\%=2.343$
2	乳酸、柠檬酸	$15\,617.426\times0.32\%=49.976$
3	稳定剂	$15\,617.426\times0.5\%=78.087$
4	水	$78.087\times50=3\,904.356$
5	乳化剂	$15\,617.426\times0.02\%=3.123$
6	糖	$3\,904.356\times9\%=351.392$
	合计	4 389.277

6）调配后浆液重

$$15\,617.426+4\,389.277=20\,006.703\text{ kg}$$

7）减去罐装损失，1 t 大豆可生产量

$$20\,006.703-20\,006.703\times0.8\%=19\,846.649\text{ kg}$$

(4) 年产 2 000 t 大豆发酵饮料所需原料、辅料量计算结果见表 1—5。

表 1—5　　　　　年产 2 000 t 发酵豆浆所需原料、辅料量

物料名称	物料量（kg）	每日物料量（kg）
大豆	100 772.68	403.09
糖	161 114.56	644.46

续表

物料名称	物料量（kg）	每日物料量（kg）
多聚磷酸盐	236.11	0.94
乳酸、柠檬酸	5 036.22	20.14
稳定剂	7 869.04	31.48
乳化剂	314.71	1.26
发酵菌液	60 896.53	243.59

三、设备的设计与选型

1. 设备设计与选型的原则和内容

设备设计与选型的任务是在生产工艺计算的基础上，确定车间内所有生产设备的型号、台数和主要尺寸等。

（1）设备设计和选型的原则

1）保证工艺生产过程的正常和安全运行。

2）操作费用低，耗水、耗电、耗汽等较少。

3）技术先进，经济合理，操作方便。

4）设备清洗方便、耐用，易维修。

5）设备结构紧凑，尽量实现机械化和自动化操作，减轻工人的劳动强度。

6）考虑生产波动和设备平衡，要留有一定的余量和备用设备。

7）尽量减少噪声，符合环保要求。

（2）设备设计与选型的内容

1）设备所负担的工艺操作任务、工作性质、工作参数等的确定。

2）不同型号设备的特点和性能评价。

3）设备生产能力的确定。

4）设备台数的确定（考虑余量）。

5）设备主要尺寸的确定。

6）设备中物质能量交换过程的计算。

7）设备动力消耗的计算。

8）设备材质的选择和用量的计算。

9）设备壁厚的计算。

10）其他特殊情况的考虑。

2. 设备生产能力、数量和容积的计算与选型

由于豆制品生产行业生产的产品种类较多，不同产品的生产工艺也各不相同，

能满足不同生产工艺要求的设备的设计和选型也会有较大的差异。因此，只有在充分了解生产工艺的基础上才能进行生产设备的设计和选型。主要包括以下几个方面：

(1) 设备的生产能力

间歇式食品设备生产能力的表示方法，一般为 kg/批。通过如前所述的物料计算可得所需的生产能力的大小，根据此数据进行相关设备的选型。

对连续式生产，单位时间内通过各设备的物料量，由工厂的生产规模与物料计算决定。若连续式生产是一套自动化生产线，在设备选型时，其生产能力的大小应满足工艺要求；若连续式生产是由不同性能的设备配套而成，则各设备的生产能力应相互协调，以生产能力最低的一台为基准进行设备选型配套。

(2) 确定设备的数量

从投资看，在相同规模下，选择单台设备容量大、台数少比单台设备容量小、台数多的投资费用少。对连续式生产，应尽量减少生产线上相同设备的数量。在工艺条件许可的情况下，同类设备亦可选数台。

(3) 确定设备的容积

间歇式生产的设备容积，可由下列公式计算：

$$V = \frac{V_2 t \zeta}{24}$$

式中　V——设备的总体积，m^3；

　　　V_2——24 h 内加工的成品或半成品的体积，m^3；

　　　t——操作时间，包括准备时间、操作和清洗等辅助规程时间，h；

　　　ζ——填充系数，视不同设备而定。

对连续式生产，若已知物料流量 q_v（m^3/h）和逗留时间 t（h），可由以下公式计算设备的有效容积：

$$V = q_v t$$

在确定了设备的主要技术参数后，根据各豆制品设备生产厂家提供的设备信息资料，进行多方位比较和考察，选出满足豆制品生产工艺的设备。

四、拟定豆制品生产工艺参数实例

1. 豆浆（以发芽法生产豆浆为例）

(1) 工艺流程图（见图 1—5）

(2) 生产工艺及参数

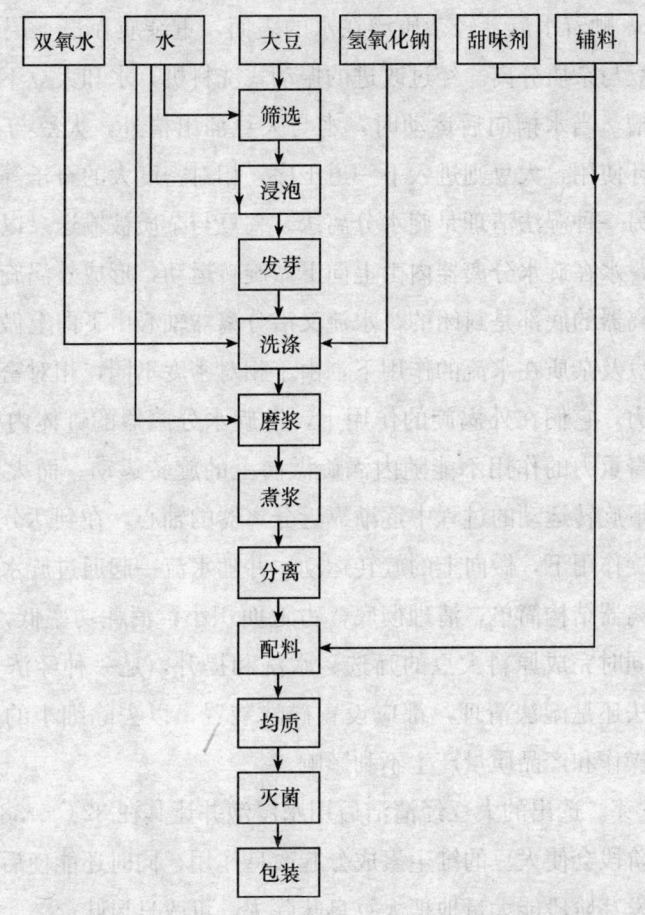

图 1—5　发芽法生产豆浆工艺流程

1) 选料与清理。生产中应该选择蛋白质质量较高的大豆品种。制作豆浆的大豆一般以色泽光亮、籽粒大小均匀、饱满、无虫蛀和鼠咬的新大豆为好。陈大豆存放时间长，生命活动消耗了其本身的一部分蛋白质，特别是经过高温季节，由于高温的作用使脂肪氧化和蛋白质变性，加工出的豆浆口感差、色泽发暗。大豆在收获、储藏以及运输的过程中难免要混入一些杂质，如草屑、泥土、沙子、石块和金属等，这些杂质不仅有碍于产品的卫生和质量，而且也会影响机械设备的使用寿命，必须清理出去。同时，应除去碎豆、裂豆、虫蛀豆和其他异粮杂质等。

大豆清理的方法一般分为干法和湿法。干法包括振动筛和比重去石机。振动筛可以带有吸风装置，以吸走轻杂质。相对密度大的杂质通过筛网分离。比重去石机主要用以除去砂石，这种方法很难除去虫蛀豆和裂豆，依然需要人工挑选。因此，企业应对原料中的虫蛀豆和裂豆比例严格控制。湿法利用大豆与杂质的相对密度差异，在水中的浮力和沉降速度不同进行分离。最简单的就是流水槽，水槽一般有

15°左右的倾角，顺着水流，轻杂质漂在水的表面，重杂质在最下层，大豆在中间层，从而将大豆与杂质分离。经过改进的振动式洗料机，水和大豆不断流入做前后往复运动的水槽，当水槽向后运动时，水与大豆涌出槽外，大豆与水经排水网分离，水可以循环使用，大豆则进入下一道工序，相对密度大的石子等杂质沉降在底部而被除去。另一种湿法清理是旋水分离法。大豆与杂质被输送泵以一定的速度输入旋水分离器，水在旋水分离器内由上向下做旋转运动，形成外涡旋，并到达分离器的底部。分离器的底部是封闭的，水流又沿分离器轴心由下向上做旋转运动，形成内涡旋。大豆及杂质在水流的作用下，由于相对密度不同，相对密度大的杂质具有较大的离心力，它们在外涡旋的作用下，沿旋水分离器的锥体内壁很快落到底部，并由于自身重力的作用不能随内涡旋做向上的旋转运动。而大豆由于离心力小，它们在向下旋转运动的过程中逐渐靠近分离器的轴心，在到达分离器的底部之前，就在内涡旋作用下，做向上的旋转运动，并随水流一起通过旋水分离器的出口排出。旋水分离器结构简单，清理彻底，占地面积小，消耗功率低，使用寿命长，造价低，并能同时完成原料大豆的筛选、水洗和提升，是一种经济合理的优选设备。无论是干法还是湿法清理，都应设置磁选装置，以去除细小的金属杂质，否则，会对磨浆操作和产品质量产生不利影响。

2）浸泡发芽。选出的大豆经清洁后用水浸泡并让其在32℃～38℃的温度下发芽。大豆发芽阶段会使大豆的维生素成分起改良作用，同时还能使后来的除皮工序更易于进行。发芽阶段能大量地把大豆臭味除去，可改良风味。

大豆发芽生长时间72 h，芽大约生长12.7～38.1 mm。发芽阶段具体做法是在一块有孔眼的纤维织物筛网或薄片上铺上一定厚度的大豆。每隔2～3 h用洒水器往豆层上洒水，使大豆保持有足够的水分。在洒水时不要使用低于上述发芽温度的水，以免发芽作用受到抑制。

3）浸泡和洗涤。在发芽终了时，把发芽大豆输送入氢氧化钠溶液槽中浸泡大约4 h，氢氧化钠浓度为5%。在氢氧化钠中继续把紧黏在大豆上的皮剥离，然后送入10%双氧水洗涤槽进行洗涤。双氧水槽也起着除臭作用。这样就除去豆浆的不良气味。经双氧水处理5 min，把大豆置于清水连续洗涤槽里进行连续洗涤处理，以便把残留的双氧水及豆皮从大豆中除去。在每个洗涤槽，使用一个旋转桶或其他容器，或者采用流体静力法，即把消毒水直接向上喷注入装在洗涤容器中的大豆中（使用高压泵使水产生再循环的方法），对大豆加以有效的搅拌，以除去双氧水及大豆皮。

在洗涤阶段，仍然附在大豆上的豆皮被分离开来，并通过洗涤容器的排泄装置慢慢地沉到槽底。这个过程可用循环水去完成，让载有大豆的排泄流通过一个过滤器或采用其他方法就可以把豆皮从循环流中分离出来。带走豆皮的循环流排泄装置最好始终低于容器内浴槽的水平。在各个洗涤阶段终了时，浴水在容器底部的出口处泄出去。在每3次的洗涤中，洗涤液起码要循环两次或多次。

4）中和。用弱酸液对大豆处理以中和残留大豆中的双氧水，使用的弱酸最好是食品级的无毒酸（如柠檬酸）。大豆在弱酸中浸泡大约2 h，溶解及中和残留的双氧水，同时可以把一些在预处理时尚未除去的豆皮清除掉。在酸处理终了时，这批豆皮在排泄出来的酸浴水中，并被送到连续洗涤阶段。中和阶段完成之后，让大豆置于两个或几个清水洗涤池进行连续洗涤，以便把残留在大豆中的酸溶解出来并除去。在一定程度上，这些洗涤还起到继续除豆皮作用。然后对最终的洗涤液（也就是除酸连续程序中第二浴池的洗涤液）进行检验。如果酸的 pH 值读数低于7，必须对大豆再进行一次或多次连续洗涤，洗涤终了时的残留液体的 pH 值读数起码是7。如果最后检出的 pH 值读数是7.5，可以把一些弱酸（如氢氯酸或柠檬酸）添加到洗涤液中，直至刚好把 pH 值调回到7。凡采用这种调节工序时，都要让大豆在中性溶液中放置一定时间，使中性溶液能浸透大豆。

5）磨浆。大豆从最后一个洗涤槽出来之后沥尽余水，即可进入磨内研磨。研磨时必须随料定量加水。加水时的水压要恒定，水的流量要稳，要与进豆速度相配合，只有这样，才能使磨出来的豆浆细腻均匀。水的流量过大，会缩短大豆在磨片间的停留时间，出料快，磨不细，豆糊有糁粒，达不到预期的要求。水的流量过小，豆在磨片间的停留时间长，出料慢，结果会因磨片的摩擦发热而使蛋白质变性、影响产品得率。

采用不同的磨浆设备时，在进料速度相同的情况下，其进水流量也不相同。磨的转速越高，水的流量越大。石磨用水量要比砂轮磨少，磨豆浆时的加水量，一般为泡好豆的3.5倍。经发芽的大豆带有软性和一定温度，磨浆时注意水温不能超过18℃。

6）蒸煮和分离。把经稀释后的豆浆置于压力锅蒸煮，或置于开口罐蒸煮。这两种方法都是把炽热蒸汽流直接通入豆浆中，在压力锅里的蒸煮时间是5~7 min，在开口罐中连续蒸煮的时间大约是20 min。在压力锅中蒸煮温度大约是121℃；而在开口罐中蒸煮的温度大约是102℃。蒸煮完毕，熟豆浆经处理把液体和悬浮的细小固体分离开来。

7）配料。可在加工过程加入甜味剂、酸味剂、维生素 A、维生素 D 和维生素 C、葡萄糖酸钙、硫酸亚铁以及经研磨的坚果仁等添加入混合物中，生产不同花色的豆浆。配料工序最好是紧接着分离阶段，以避免细菌感染并在豆浆中繁殖。

8) 均质和灭菌。继配料工序之后，对配好的产品在 211 kg/cm² 的条件下均质，使豆浆中的悬浮液状态得到保持，并防止出现分离现象。在这一工序中，可使用普通的均质机。

9) 冷却和包装。把产品冷却至 4℃，并进行包装。巴氏灭菌可使用普通的容器包装，然后冷藏运输到市场。高温瞬时灭菌可采用瓶、罐、屋顶包或利乐包包装等形式。

2. 豆腐干（以生产白干为例）

(1) 工艺流程图（见图 1—6）

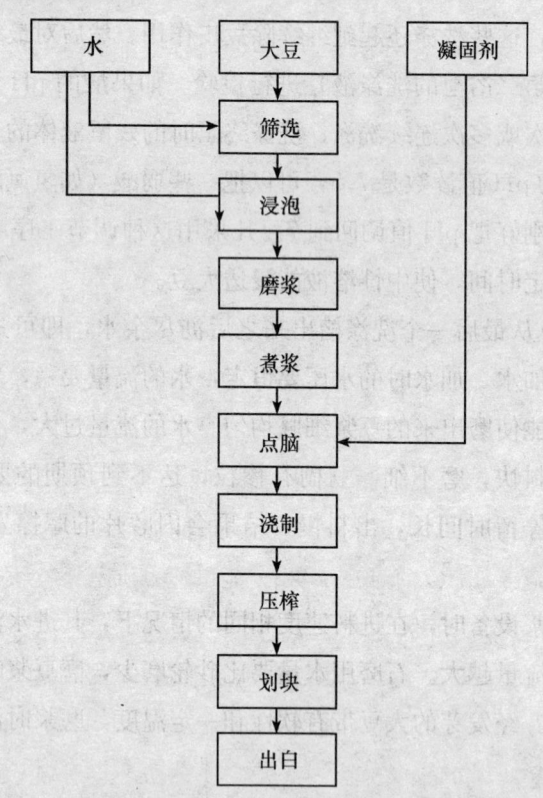

图 1—6 白干工艺流程

(2) 生产工艺及参数

1) 选料。生产中应该选择蛋白质量较高的大豆品种。色泽光亮、籽粒大小均匀、饱满、无虫蛀和鼠咬的新大豆为好。大豆清理的方法一般采用湿法，除去轻杂质和重杂质（详见豆浆生产）。

2) 浸泡。大豆浸泡时的容器应是大豆体积的 3~4 倍。水温对浸泡的影响最大,一般水温为 5℃时浸泡 24 h,10℃时浸泡 18 h,18℃时浸泡 12 h,27℃时浸泡 8 h。大豆的浸泡程度应因季节而异,浸泡大豆以表面光滑、无皱皮、豆皮轻易不脱落,手感有劲为原则。最简单的判断方法是把浸泡后的大豆分成两瓣,以豆瓣内表面基本呈平面,略有塌坑,手指掐之易断,端面以浸透不留硬心(白色)为宜。浸泡大豆的用水量一般为大豆的 2~3 倍,以保证大豆充分吸水,水少则大豆易吸水不足,水多浪费大。浸泡水中加入少量的碳酸氢钠,使浸泡水处于微碱性条件下,有助于磨浆后加水抽提大豆蛋白质等营养成分,提高出浆率,改善豆制品的风味。一般大豆浸泡充分后质量为干大豆的 2~2.2 倍,体积增大 1~1.5 倍。大豆浸泡好的含水量应为 60% 左右。若大豆浸泡时间过长,则会污染微生物而导致酸败,甚至造成逃浆现象,而不成豆腐。

3) 磨浆。磨浆时要注意两点:磨浆时一定要边粉碎边加水,这样做不但可以使粉碎机消耗的功率大为减少,还可以防止大豆种皮过度粉碎引起的豆浆和豆渣过滤时分离困难的现象,一般磨浆时的加水量为干大豆的 3~4 倍;使用砂轮式磨浆机时,加水量一般控制在 1:6 左右为宜,要求磨出的豆糊较细而均匀,用手指捻摸不粗不粘,没有粒子的感觉。过滤筛网要求在 90~100 目,分离机网不能漏渣,损坏要及时更换。将豆浆和豆渣分离取得头浆;再把豆渣以循环套的方式分两次洗涤,即第二次以小浆洗涤,分离得二浆;第三次以清水洗涤得小浆。头浆与二浆合并为豆浆,头浆分离后的豆渣再复磨两次。每 100 kg 大豆制成豆浆 1 000~1 100 kg。滤浆时如果泡沫较多,可以加入消泡剂。

4) 煮浆。煮浆桶内放入七成豆浆,以防止加热后产生大量泡沫而溢出。用蒸汽直接加热,要求管径大,压力不低于 5 kg,能迅速煮沸豆浆(大约 500 kg/5 min 左右)。

5) 点脑。每 100 kg 大豆(干)磨出的豆浆,点脑时需用盐卤 4~6 kg,盐卤先用 10 kg 冷水调制成卤水。点卤时,卤水以细流加入,同时使浆液(浆温以 75~80℃为宜)上下翻滚,使卤水与浆水均匀混合,但翻动不宜太猛,当浆成脑状后继续蹲脑 10 min。

6) 浇制。在压制机上放好平板和模型格及木杠,铺上豆腐布。包布四角对准木框四边,并把布压在框底部,然后把豆脑浇在模型框内,框内表面平均后把布包紧,如此反复操作将一桶豆脑全部浇完,再在最上面放一块平板移至压制机上压制。南方一般采用上板前先摆好底板,再放好竹帘、花格和套框,最后铺上包布浇脑,至压制机上压制。浇制要求轻快、均匀,厚薄适度,一般豆脑厚度以 5~6 cm 为宜。

7) 压榨。一般是将30～40板叠垛后上压榨器械。压榨器械主要是液压机。压榨时要求先轻后重、压力均匀，压正不偏，干湿适度。压榨应逐步加压，不能太快，防止榨空粘布。压制时间为15～20 min，剥布后光洁不粘布，表面淡黄。

8) 划坯。划坯时间一般在20～30 min之后。含水量要求控制在60%～65%。划坯时，按剥布后有格子的按格子划坯，无格子的按要求划坯，做到块形均匀，在划坯时应剔除次品。

9) 出白。划块后的豆腐干放入沸水中出白，煮沸5～10 min，以除去坯子中的黄浆水。出锅后放到摊晾机上摊晾，使每块白干表面结皮，然后包装。

3. 油炸豆腐泡

(1) 工艺流程图（见图1—7）

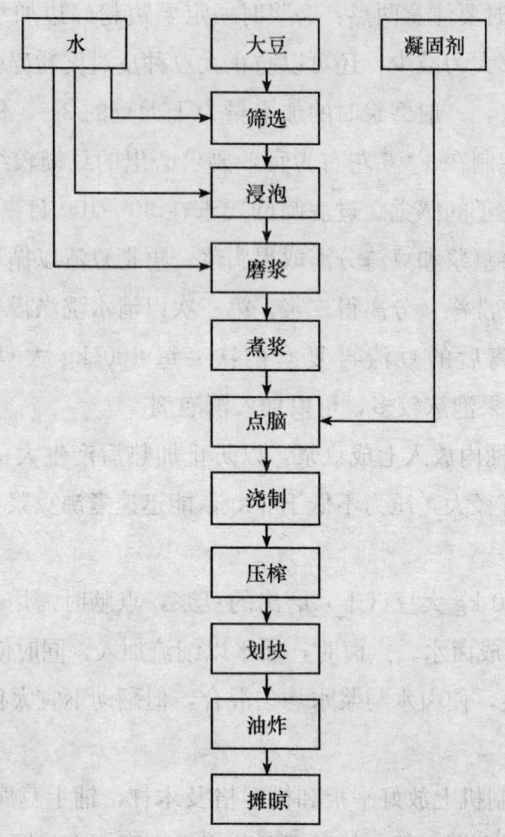

图1—7 油炸豆腐泡工艺流程

(2) 生产工艺及参数

1) 选料。生产中应该选择蛋白质量较高的大豆品种。色泽光亮、籽粒大小均匀、饱满、无虫蛀和鼠咬的新大豆为好。大豆清理的方法一般采用湿法，除去轻杂质和重杂质（详见豆浆生产）。

2）浸泡（豆腐干生产）。一般水温为5℃时浸泡24 h，10℃时浸泡18 h，18℃时浸泡12 h，27℃时浸泡8 h。大豆的浸泡程度应因季节而异，浸泡后以大豆表面光滑、无皱皮、豆皮轻易不脱落，手感有劲为原则。最简单的判断方法是把浸泡后的大豆分成两瓣，以豆瓣内表面基本呈平面，略有塌坑，手指掐之易断，端面以浸透不留硬心（白色）为宜。

3）磨浆。磨浆时要注意两点：磨浆时一定要边粉碎边加水，使用砂轮式磨浆机时，加水量一般控制在1∶6左右为宜，要求磨出的豆糊较细而均匀，用手指捻摸不粗不粘，没有粒子的感觉，过滤筛网要求在90～100目，头浆与二浆合并为豆浆，头浆分离后的豆渣再复磨两次。每100 kg大豆制成豆浆1 000～1 100 kg。

4）煮浆。煮浆桶内放入七成豆浆，以防止加热后产生大量泡沫而溢出。用蒸汽直接加热，要求管径大，压力不低于5 kg，使能迅速煮沸（大约500 kg/5 min左右）。

5）点脑。滤浆后待浆温降至80℃左右时加入凉水，降至70℃左右时点脑。每100 kg大豆（干）磨出的豆浆，点脑时需用盐卤4～6 kg，盐卤先用冷水10 kg调制成卤水。点卤时，卤水以细流加入，同时使浆液（浆温以75℃～80℃为宜）上下翻滚，使卤水与浆水均匀混合，但翻动不宜太猛，当浆成脑状后继续蹲脑10 min。用卤水点脑，下卤水要慢，翻浆也要慢，脑要点嫩些，蹲脑时间稍长些。

6）浇制。在压榨器械上放好平板和模型格及木杠，铺上豆腐布，包布四角对准木框四边，并把布压在框底部，然后把豆脑浇在模型框内，框内表面平均后把布包紧，如此反复操作将一桶豆脑全部浇完，再在最上面放一块平板移至压制机上压制。南方一般采用上板前先摆好底板，再放好竹帘、花格和套框，最后铺上包布浇脑，至压制机上压制。浇制要求轻快、均匀，厚薄适度，一般豆脑厚度以5～6 cm为宜。

7）压榨。点好脑后上压榨器械压榨，压好后的坯子应表面亮而无麻点。油豆腐制坯凝固温度以70～75℃为最佳，一般是将30～40板叠垛后上压榨器械。压榨器械主要是液压机。压榨时要求先轻后重、压力均匀，压正不偏，干湿适度，压榨应逐步加压，不能太快，防止榨空粘布。压制时间为15～20 min，剥布后光洁不粘布，表面淡黄。油炸豆腐坯子（白坯）的含水量应介于豆腐与豆腐干之间。

8）划坯。时间一般在20～30 min。含水量要求控制在75%左右。划坯时，剥布后有格子的按格子划坯，无格子的按要求划坯，做到块形均匀，在划坯时应剔除次品。规格豆腐坯子标准1 cm左右。

9) 油炸。先将新色拉油注入油炸锅，油位线低于锅面 15 cm，油炸豆制品一般采用两步法油炸。第一阶段采用较低的油温炸制，温油时入锅，油温要掌握在 120℃左右，时间为 3 min，才可能使豆腐坯蓬松变形鼓起。坯子内部的水分气化膨大，表面缓慢失水，使豆腐坯徐徐胀泡。第二阶段是高温定型阶段，其目的是在初膨的基础上，使坯子充分膨胀，油温一般掌握在 160～180℃，时间 10 min。炸好后捞出。控净炸油后即为豆腐泡成品。油炸时要注意，豆腐坯子含水量过低，或炸制时搅动过大，或坯子表面不光滑，或在温油中炸制时间过长，都容易产生豆腐泡喝油的现象。油温要控制好，油温过高，则不易起泡，引起"放炮"，很不安全。豆腐坯炸至鼓起定型时捞出，再放到180℃高温中炸透，捞出控油、冷却。为得到理想的发泡效果，不要大堆存放，避免产品变形。

4. 红腐乳

(1) 工艺流程图（见图1—8）

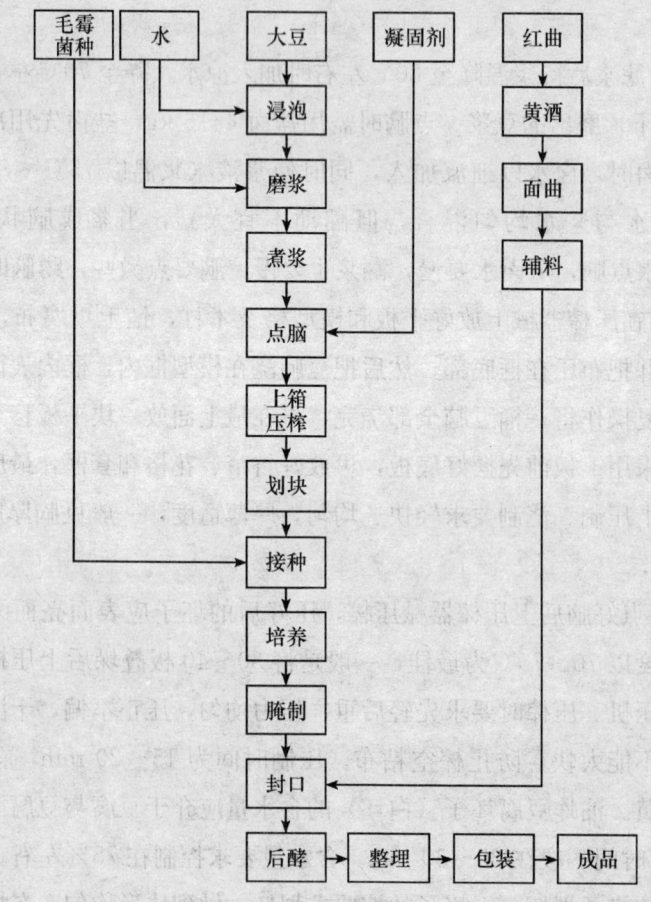

图1—8 红腐乳工艺流程

(2) 生产工艺及参数

1) 原料配比。卤汤 1 320 kg，红曲 60 kg，面粉 85 kg，酒精 200 kg（95%）；甜蜜素 0.3‰，味精 1‰，精盐 385 kg，脱氢醋酸钠 0.3‰。

2) 大豆浸泡。大豆 100 kg 加水 400 kg 浸泡，冬季水温 0~5℃ 浸泡 20 h，春秋季水温 13~15℃ 浸泡 12~15 h，夏季 20℃ 浸泡 6~8 h。

3) 水选。用水必须一天换一次水，夏季中间换一次，必须及时清理马蹄坑杂质，结束后清洗干净，不许有污水、杂质。

4) 浆渣分离。浸泡好的大豆用磨浆机分离，加水量一般控制在 1∶6 左右为宜，要求磨出的豆糊较细而均匀，用手指捻摸不粗不粘，没有粒子的感觉，过滤筛网要求在 90~100 目，分离机网不能漏渣，损坏及时更换。将豆浆和豆渣分离取得头浆，再把豆渣以循环套的方式分两次洗涤，即第二次以小浆洗涤，分离得二浆，第三次以清水洗涤得小浆，头浆与二浆合并为豆浆。头浆分离后的豆渣再复磨两次。每 100 kg 大豆制成豆浆 1 000~1 100 kg。滤浆时如果泡沫较多，可以加入消泡剂。

5) 煮浆。煮浆桶内放入七成豆浆，以防止加热后产生大量泡沫而溢出。用蒸汽直接加热，要求管径大，压力不低于 5 kg，使豆浆能迅速煮沸（大约 500 kg/5 min 左右），打开后流入点浆桶中，进入点浆桶前必须过滤，最低应为 60 目筛网，最好用 80 目筛网。

消泡剂的使用：消泡剂用食用级的，按干豆每 500 g 加入 0.5~0.8 g，用于煮浆时的消泡，当浆液接近沸点时，加入消泡剂，同时在豆浆中搅拌即能发挥强力消泡作用。

6) 点浆。用 12~14℃ 卤水点浆，方法是：左手拿装卤水小水壶，右手拿耙，细下卤水，快打耙，直至豆浆表面出现少量豆粒状豆腐脑即停止下卤，再将少量卤水点撒在表面，盖上盖。养浆 10 min 以上，最好 20 min。之后用广勺在表面拉翻几次开浆，最好用大板开浆，看到表面出现黄浆水后停止。经过 5~10 min，蹲脑后抽出黄浆水，黄浆水要求颜色微黄，不许有红黄色，准备上榨。

7) 压榨。榨上放一块豆腐板，放上边框，铺好布后用广勺均匀地洒豆腐脑在布内，不许有多有少，然后包好。一榨一般 14~16 板为宜。上榨原则是：

①中间和四个角略多。

②轻上快上。

③中间不许停顿。

④压榨四个边均匀，无偏现象。

⑤上多下少。
⑥干稀适度。
⑦然后压榨徐徐加重，直至达到水分要求为止，水分根据季度控制，春秋70%，夏季66%，冬季72%左右。

8）划块。用打刀机进行划块，不能丢刀，划完后送到架上进行降温，直至35℃时进行接种。

9）接种（前发酵）

①毛霉菌的制作。将豆腐渣与粗大米面按1∶1混合均匀，然后装入饭盒中，每个饭盒装至1/3为宜，重0.2～0.25 kg，每板21盒。将装好的饭盒放入杀菌锅中，连同200 mL无菌水一同杀菌，在一个气压下维持1 h，然后取出放入无菌室冷却待用。将两支原菌接入无菌水中，分别倒入各饭盒中晃匀，放入恒温箱中，28～30℃室温下三天后取出待用。

②毛霉水菌兑制。按大豆的2‰～3‰使用毛霉菌，一般1 000 kg大豆需水菌50 kg。方法是提前3 h把毛霉菌泡在凉开水中，使用时用网过滤，除去料渣，然后倒入喷壶进行接菌。

③接种。白坯冷却到35℃开始用水菌进行喷洒，六面全部喷匀，立于屉中，不许有倒块，夏季每屉装块数量160块，屉高10层，中间加空屉；其他季节每屉袋180块，屉高12层。发酵室温度控制在24℃，湿度在90%左右，18～20 h倒屉一次，视生长情况进行第二次倒屉，44～48 h后，六面全部长满毛霉菌丝，开始降温，下屉，要求下屉不准连块，摆放整齐。

④腌箱。下屉后的毛坯整齐放在塑料箱内，放一层撒一层盐，用下少上多的方法撒满盐，每千块7斤（3 500 g）盐量来腌制。5～6 h后加入24℃毛花卤灌满，腌制5～7天，腌坯变硬，水分54%，盐度14%～17%。

⑤吊箱。腌好后的盐坯在装坛前一天，控去盐水，立放控水，24 h后装坛。

10）装瓶（坛）。要求瓶（坛）用热水涮洗干净，控干后使用，装瓶（坛）要松紧适度，块数准确，除去未溶化的食盐固体，个别风干块单独装坛，灌汤要超出盐坯面1.5～2 cm，装坛比例大约在1∶1。盖好瓶盖或封好坛口，干燥后入后酵库。

11）汤料配制

①面糕的制作。选用标准粉加入30%水，打成小疙瘩，用蒸锅采用常压蒸30～40 min，蒸熟为止，冷却到35～40℃，按3‰～5‰接3982曲种，翻拌均匀后入曲室培养，先堆积8～10 h，开始上温，6 h后温度达到35℃左右翻拌一次，使

温度降至28~30℃,再升温至35℃时分箅,每85 kg面分到14个竹箅中,每箅装11~12斤(5.5~6 kg)。料层厚约为2.5~3 cm,温度再次上升时补充水分,每箅补水3斤(1.5 kg)左右。温度再次上升时,将每箅料层减薄,料层厚约为1.5~2 cm。曲室温度控制在28℃~30℃,湿度80%,总时间48 h。成熟面曲标准:要求菌丝发育旺盛,孢子不宜太多,稍有黄色孢子为佳,水分>18%,糖化力>5。

②配制米酪。面曲先用缸浸泡3天,盐水浓度10°Bé(波美度),比例为面曲:盐水=1:1.5。米酪兑制配比为:水990斤(495 kg)、酒精200斤(95%)、红曲粉60斤(30 kg)、面糕85斤(42.5 kg)。泡两天后用磨浆机磨制,红曲米以1:4的比例20°酒精浸泡1天后上胶体磨,再浸泡3天。

12)后发酵。封好的产品入库进行后发酵,库内要清洁、干燥、通风,控制温度在25~28℃,夏季常温,成熟期2~3个月。每天检查记录两次库房温度,发现问题及时解决,成品待化验合格后方可出库。

13)包装。坛装贴好标签,标签粘贴端正、无飞边。瓶装装箱前将瓶外洗刷干净,干燥后将瓶盖拧松放气后再拧紧。商标一定要贴正,日期要扣准,不能模糊不清,装箱时不能缺瓶,装完后及时入成品库,出库前抽查检验,合格方可出库,有外溢的不许出库。

5. 腐竹

(1)工艺流程图(见图1—9)

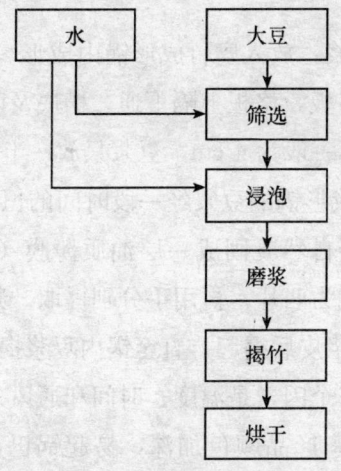

图1—9 腐竹工艺流程

(2)生产工艺及参数

1)选料。生产中应该选择蛋白质量较高的大豆品种。色泽光亮、籽粒大小均匀、饱满、无虫蛀和鼠咬的新大豆为好。大豆清理的方法采用湿法，除去轻杂质和重杂质。

2）浸泡。生产腐竹用大豆最好在浸泡前破瓣脱皮，这样所得产品色泽光亮明快，有利于提高产品质量。一般水温为5℃时浸泡24 h，10℃时浸泡18 h，18℃时浸泡12 h，27℃时浸泡8 h。大豆的浸泡程度应因季节而异，也可采用高温短时浸泡，65℃浸泡1 h，可以大大缩短腐竹的生产周期，以提高腐竹的产量。

3）磨浆。磨浆时要注意两点：磨浆时一定要边粉碎边加水，使用砂轮式磨浆机时，加水量一般控制在1∶8左右为宜，要求磨出的豆糊较细而均匀，用手指捻摸不粗不粘，没有粒子的感觉，过滤筛网要求在90～100目，头浆与二浆合并为豆浆，头浆分离后的豆渣再复磨两次。每100 kg大豆制成豆浆1 300～1 400 kg。生产腐竹用豆浆蛋白质含量在2%～3%。豆浆的浓度过低，蛋白质含量少，蛋白质胶粒间的碰撞机会减少，不易发生聚合，薄膜形成速度慢，甚至不能形成薄膜；豆浆的浓度过高，虽结膜速度快，但会影响腐竹的质量，产品颜色深、灰暗，易出现浓浆现象，生产出的腐竹质量较差，一、二级品腐竹少。向豆浆里添加磷脂等乳化剂，可以促进脂蛋白膜的形成，提高腐竹的出品率，改善质量，减少腐竹干燥后储运过程中的碎裂。向豆浆中添0.02%的红花油，能促进腐竹成皮速率。

4）煮浆。煮浆桶内放入七成豆浆，以防止加热后产生大量泡沫而溢出，用蒸汽直接加热，要求管径大，压力不低于5 kg，使其能迅速煮沸（500 kg/5 min左右）。

5）揭竹。煮沸后的豆浆，放入腐竹成形锅内成形。成形锅是一个长方形的浅槽，槽内每隔50 cm有一格板，格板上隔下通，槽底及四周带有夹层，用于通蒸汽或热水恒温。成形锅的深度一般为4 cm，豆浆只放一半，即2 cm左右。使锅内温度保持在82～85℃，放入成形锅的豆浆经一段时间的恒温，同时不断向浆面吹风。豆浆在接触冷空气后，就会自然凝固成一层油质薄膜（约0.5 mm），然后用小刀从中间轻轻划开，使浆皮成为两片，再用手分别提取。浆皮提取遇空气后，便会成条。每3～5 min形成一层浆皮后揭起，直至锅内豆浆揭干为止。

揭竹工序应该注意的三个因素是温度、时间和通风条件。温度过高，如处于微沸状态，腐竹易起"鱼眼"，产品颜色加深，易起锅巴，腐竹的产率低，质量差；温度低，结皮速度慢，生产周期长；温度过低则不能形成完整的皮膜。因此，揭竹时，恒温温度应严格控制，一般以（82±2）℃为宜，并要保持稳定，不能忽高忽低，否则也会影响腐竹的质量和产率。揭竹时，每支腐竹的成膜时间掌握在3 min为宜，时间太短，皮膜过薄，缺乏韧性，揭时易破断；时间太长，皮膜过厚，质量不好。通风良好,也是提高腐竹质量和生产效率的必备条件。通风不好,成形锅上方的水蒸气浓度大,浆面水分不易蒸发,皮膜自然形成就慢。

剩余的浓浆,在锅内摊成 0.8 mm 厚的薄片即为甜片。当甜片基本成饼时,从锅内铲出,重新注入豆浆循环揭竹。

6) 烘干。将挂在竹竿上的浆皮送到干燥室,在 35~45℃ 的温度条件下烘 24 h,使其脱水干燥。干燥后即成腐竹,要求干燥均匀,特别是在浆条搭接处或接触处含水量不能太高。要求腐竹含水量在 8%~12%。腐竹烘干的方法有两种,即暖房烘干和机械烘干。目前国内生产厂家大部分都是采用暖房烘干,机械化连续烘干用得很少。普通的暖房烘干,大多采用的是一次烘干法,即将湿腐竹悬挂在温度为 35~45℃、安有通风装置的暖房内,一次连续烘干 8~10 h。这种方法要使腐竹含水量降到 10% 左右,极易造成碎品碎支。经改进的三次烘干法,生产的腐竹不易断裂,内外干燥均匀,支条不扭曲。其大体方法是:第一次在 60℃ 左右的暖房内烘 30 min 左右,使腐竹表面不黏后从暖房取出,稍凉后从竿上取下平摆好,再进同一暖房在同一温度下继续烘干 2 h 左右,至水分降至 15%~20% 时,再出暖房。经分级整理后,进另一暖房,此暖房不需通风,温度控制在 45~50℃,这样再持续烘干 3 h 左右,水分即可降至 10%。

6. 豆浆粉

(1) 工艺流程图(见图 1—10)

(2) 生产工艺及参数

1) 选料。生产中应该选择蛋白质质量较高的大豆品种。色泽光亮、籽粒大小均匀、饱满、无虫蛀和鼠咬的新大豆为好。大豆清理的方法采用湿法,除去轻杂质和重杂质。

2) 浸泡。大豆在浸泡前最好进行干蒸,用 2 个气压干蒸 10 min,进行灭酶处理,然后在浓度为 0.1% 氢氧化钠碱溶液中浸泡,可以解决豆腥味过重的问题,有利于提高产品质量。浸泡一般水温为 5℃ 时浸泡 24 h,10℃ 时浸泡 18 h,18℃ 时浸泡 12 h,27℃ 时浸泡 8 h。

3) 磨浆。磨浆时要注意两点:磨浆时一定要边粉碎边加水,使用砂轮式磨浆机时,加水量一般控制在 1:8 左右为宜,为钝化脂肪氧化酶,防止豆腥味的产生,采用温度 80~85℃ 热水磨浆,要求磨出的豆糊较细而均匀,用手指捻摸不粗不粘,没有粒子的感觉,过滤筛网要求在 90~100 目,头浆与二浆合并为豆浆,头浆分离后的豆渣再复磨两次。

4) 杀菌配料。根据不同产品加入砂糖、饴糖、无机盐、维生素及其他配料,

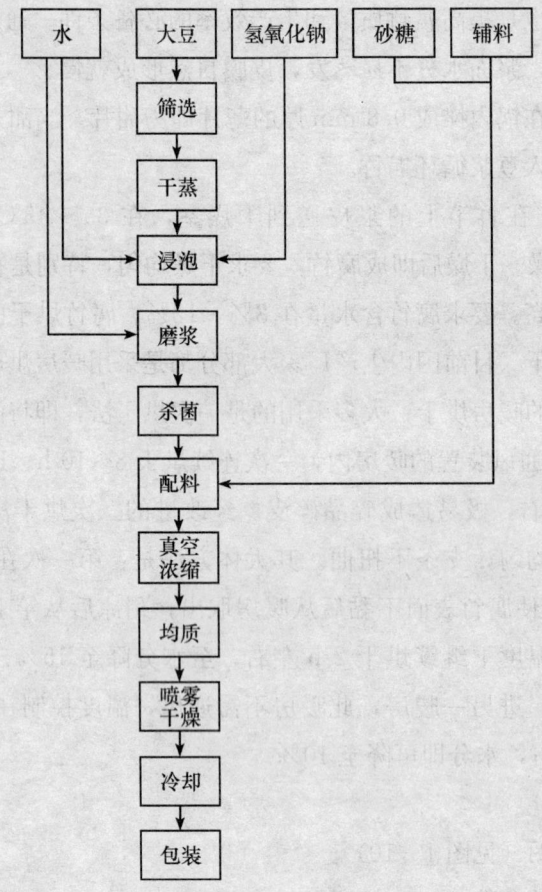

图1—10 速溶豆粉工艺流程

采用超高温瞬时UHT杀菌机,在120~150℃、0.5~4 s的条件下杀菌。

5)真空浓缩,也称为减压加热浓缩。豆粉混合原料在杀菌完成后,通常要先进行真空条件下的浓缩,以脱除其中的部分水分,浓缩温度50~55℃、真空度80~93 kPa,pH值调至6.5~7.0,浓缩终点固形物含量在21%~22%。

6)均质。均质除了可以破碎脂肪球,增进豆浆粉产品稳定性,改善产品的口感,提高吸收率以外,同时还可以降低浓缩豆浆的黏度,而这显然有助于喷雾干燥的操作。均质过程通常采用二级均质:其压力通常一级为18~30 MPa;二级为5~7 MPa。还有些豆浆粉产品,因省去了分离除渣工序,产品中纤维含量较高,口感较为粗糙,所以最好进行两次均质。

7)喷雾干燥。在压力喷雾干燥机中将浓缩液进行干燥,制成含水量在2%~3%的豆浆粉。喷雾干燥法在豆浆粉产品的干燥过程中,由于物料受热温度低,时间短,从而使得蛋白质轻微变性,因而所得到的豆浆粉产品复水后溶解度高,风味和色泽也能达到令人满意的程度。采用离心式喷雾器干燥，进风温度145℃，排风温度72～73℃。冷却最好采用流化床的方法进行。空气经冷却、净化后吹入，可使粉温降至18℃以下。同时，流化床可将细粉回收，送入到干燥塔与刚雾化的乳滴重新进行接触，经重新干燥成为较大的豆粉颗粒。无流化床装置时，可将豆浆粉收集于粉箱中，过夜自然冷却到设定的温度。

8) 包装。豆浆粉的包装目前应用较多的是采用聚乙烯薄膜，特别是复合薄膜。另外，也可以选用聚偏二氯乙烯薄膜，这种膜具有防水性好、气密性好的优点。当豆浆粉需要长期保存时，最好采用真空充氮的马口铁罐包装。

第2节 豆制品生产工艺控制

学习目标

➤ 能提出豆浆浓度稳定性控制的方法
➤ 能提出提高豆腐出品率的方法
➤ 能控制腐乳前期发酵过程中的杂菌污染
➤ 能控制腐乳后期发酵过程中的氧化褐变
➤ 能对豆制品生产过程中的物理、化学、生物危害因素进行分析，找出关键控制点

学习单元1 豆制品生产过程中常见工艺问题调整与控制

一、大豆浸泡异常情况的调整

大豆的浸泡会有一些不良或异常情况发生，这对制浆过程会产生比较明显的影响。在实际生产过程中，经常出现的不良及异常情况大致分为以下几种：

1. 大豆浸泡过度

大豆浸泡过度分为严重过度和一般过度。出现严重浸泡过度时，泡料水的表面

会出现泡沫,酸度 pH 值会达到 5.5 以下,会产生较明显的酸腐气味,出现这种情况是属于严重的浸泡质量问题,需要进行 pH 值的整体上的综合调整。

大豆浸泡一般过度,即泡料水酸度 pH 值的检测不小于 6.0 的指标。大豆浸泡一般过度在现实生产中是比较常见的问题。造成大豆浸泡过度的因素是多方面的,通常由于大豆浸泡时间与粉碎过程不一致时,即浸泡完好的大豆不能进行及时的粉碎而造成的。大豆浸泡过度,蛋白质会被浸泡水额外的溶出一部分来,随着泡料水而流失掉,这就会出现蛋白质的提取量明显减少,造成产品的出品率下降,产品的品质降低。同时,大豆浸泡时间过长,浸泡水的 pH 值也会迅速降低,pH 值越低,对最终产品品质的影响就越大。

大豆浸泡过度的调整方法大致有以下几种:

(1) 增大冲洗力度

在正常情况下,大豆浸泡过程结束后即进行清洗并进入到下一步研磨工序,但有时由于种种原因不能马上进入到研磨工序,这时浸泡好的大豆就会因时间上的耽搁,造成浸泡过度的情况。发生这种情况,首先要确定时间。也就是说,还需要有多长的时间才能进入研磨粉碎工序。一般情况下,如果时间较短,在 30 min 左右,则只需加大清水冲洗力度,可通过使用清水对大豆表面进行重点冲洗,就能减少大豆表面黏附的酸性物质。

(2) 重新注入新鲜水浸泡,加大冲洗力度

由于种种原因,浸泡好的大豆不能按时进入下道研磨粉碎工序,而且等待的时间要达到 1 h 以上时,浸泡好的大豆需要返回到浸泡罐中,重新加入新鲜的自来水来进行隔绝空气与降温处理,以缓解大豆产生发酸现象。如果这时外界环境温度高、湿度大、等待的时间长,就要根据情况频繁更换自来水或软化水,不可使用生产过程中的其他剩余水。

返回到泡料罐的待用大豆用清水重新浸泡,这只是减缓大豆浸泡出现过度的一种被动的措施。重新浸泡的大豆在 2 h 左右的时间内使用的,需要使用清水在泡料罐中进行正反两个方向的冲洗,清洗后的水需要排放掉,不可再作其他生产用水来使用。二次浸泡的时间越长,冲洗的次数也就越多。冲洗后的泡料水要清亮透彻,没有可以嗅到的大豆酸味,且没有淡黄的颜色时,大豆才能够继续使用。

2. 大豆浸泡不够

由于大豆原料产地的不同,其理化特性也会有所不同,这时一般需要根据实际情况调整浸泡条件,否则,就会出现因原料产地、品种、储藏时间的变化而引起的大豆自身理化特性的变化,其含水量的变化对浸泡工序影响最大。如果大豆浸泡不

够，则子叶中心部分没有吸取到足量的水分，中心呈凹洼状，呈现出的颜色与浸泡前的大豆相仿，而浸泡成熟后的大豆颜色应为均匀一致、鲜亮的浅淡黄色。大豆浸泡不够，会造成研磨粉碎时蛋白质的溶出率降低，影响最终产品的质量和出品率。一般情况下，大豆的成熟度越高，籽粒的含水量相对就越低，籽粒的吸水速度相应也会越低。浸泡的环境温度和浸泡水温度降低，大豆的吸水速度也会降低。

大豆的品种产地、含水量、储藏时间等因素的不同，会影响到大豆的浸泡时间和浸泡效果，从而导致大豆浸泡不够。大豆浸泡不够的调整方法主要有以下几种：

(1) 调整浸泡时间

企业在生产实践过程中，一般无法做到每批大豆的品质基本一样，在这种情况下，就要随着使用大豆批次的不同适当地调整浸泡的时间，特别是储存时间较长的大豆、含水率较低的大豆，以及在冬天气温较低的情况下，要适当延长浸泡时间。

(2) 浸泡后期加温水浸泡

有时候，在适当延长了浸泡时间后，还是达不到要求，继续延长时间则会导致发酸的现象，这时必须采用其他方法才能解决浸泡问题，一般采用温水浸泡的办法。具体做法是：排除大豆原有的浸泡水，加入有一定温度的新鲜泡料水，以加快大豆浸泡速度，使其能够在较短的时间内达到大豆浸泡的吸水标准。

注入温水有两项具体要求：一是水的温度要求。水的温度一般控制在35℃左右，水温不能过高，否则将直接影响到豆浆的产出率和浓度；二是时间要求。温水浸泡时间要控制在 30 min 之内，否则容易出现发酸现象。

(3) 采用压缩气喷爆装置

在大豆浸泡容器中增设压缩空气喷爆装置，对大豆浸泡的均匀程度和加快浸泡速度都会有很好的促进作用。该装置还能对大豆起到清洁作用，提高大豆浸泡过程中的品质，节省时间、场地、设施等。

3. 浸泡程度不均匀

浸泡程度不均匀是指大豆在泡料罐中因泡料水的水量不充足，大豆膨胀后体积增大高出水面，造成上部分的大豆露在液面外，而导致浸泡不够。或者因为该批次大豆的粒度不均匀，破碎豆（豆瓣）的比例较大，从而造成大豆浸泡过程中吸水速度不同，导致浸泡程度出现不均匀的现象。大豆浸泡程度不均匀直接造成蛋白质的提取率下降，不但影响到豆浆浓度的稳定性，还会影响到最终产品的出品率。所以，对大豆浸泡的均匀性和一致性要给予足够的重视，要建立必要的浸泡过程和浸泡效果的检查制度，避免出现浸泡程度不均匀而导致后面的制浆过程中造成蛋白质的损失。

大豆采购标准和进料检验、验收制度是生产管理过程中的重要环节。如果标准不严，出现籽粒大小相差明显、破碎豆比例较大的情况时，需要在大豆的清杂过程中进行重点的定向筛选，包括筛选网目数上的必要控制与调整。被筛选出来的小籽粒的大豆和破碎豆，需要在单独的容器中进行浸泡，单独进入制浆程序，以保证大豆浸泡程度上的稳定要求。

4. 大豆中夹杂僵豆

大豆中夹杂僵豆对砂轮磨的磨片磨损严重，直接影响磨糊的质量和出品率，在磨糊和豆浆中产生的泡沫多、黏度大，对豆浆的热变性产生明显的影响。对混杂在浸泡好的大豆中的僵豆处理起来较为繁琐，解决的办法分为水选法和筛选法两种。

（1）水选的方法

采用水选的方法解决大豆中的僵豆问题大致有以下三种：

1）在大豆进入到砂轮磨前的水选。一般采用机械传动的方式，将洗涤的大豆和水一起被连续不断地搅动起来，形成上下翻滚的状态，利用好豆比僵豆比重轻的原理，将浸泡好的大豆推送进提升机里，然后进入到砂轮磨中，而僵豆将被沉淀在水洗机的底槽上，根据大豆中僵豆存在的数量多少，决定打开排料口的频次。一般情况下，打开排料口的频次为45～90 min一次。将排出来的这些大豆集中起来，在一个容器中再进行手工漂选，挑出夹杂在僵豆中的好豆返回到磨中，其余的僵豆在容器中进行特殊的处理后重新使用，但处理后的僵豆出浆率低。

2）输送过程中的局部沉降水洗方法。同样也是通过水流带动大豆，使比重较大的僵豆下沉的原理，将输送大豆的水槽设置多个沉降斗，比重较重的僵豆沉积在沉降斗中。沉降斗的设置一般在30～40 cm设置一个，水流槽的有效长度一般不低于3 m。受沉降斗容积的局限，清理的频次应随时监控与清理，劳动强度和时间占用上要求较高。

3）使用旋水分离的方法。这种旋水分离除去僵豆的方法与大豆清选所采用的旋水分离方法的原理基本相同。

（2）筛选的方法

利用筛选的方法将夹杂在浸泡好的大豆中的僵豆剔除，也是一种比较常用的方法。浸泡成熟的大豆比原来的体积增加了一倍左右，利用筛网将没有体积变化的僵豆筛选出来。筛选的形式基本上有两种：一种是圆形旋转自振式分离筛；另一种是长方形往复式斜面推拉分离筛。

1）圆形旋转自振式分离筛。筛网上孔径要微微大于原料大豆即可，被筛选的经过浸泡后的大豆在筛网上形成一种渐开线的运动方式，浸泡成熟的大豆会从圆形筛的中心点向四面曲线形的散开，逐渐振动到筛体的周边，然后沿着一个方向运动，在一个固定的开口处自动滑落出来，进入到砂轮磨中。夹杂在大豆中的僵豆，在振动着向四面曲线散开的过程中，被筛网的孔径分离出来，集中跌落在容器中。

2）长方形往复式斜面推拉分离筛。这是一种非常普遍的、结构简单的分离筛，但分离效果较圆形旋转自振式分离筛略有逊色。

5. 生产过程中出现的阶段性停顿

制浆生产过程中会经常发生临时性停车，出现阶段性的生产停车则要求对浸泡成熟的大豆进行控制产酸保护。在环境温度超过30℃，阶段性停顿的时间在1 h以上时，脱离浸泡水的大豆全部需要重新在新鲜的自来水中进行浸泡，以减少室内空气的污染，降低大豆表面温度，控制酸度值的产生速度。

一般情况下，如果阶段性停车的时间在40 min左右，制浆生产的环境温度在25℃以下时，暴露在空气中的大豆在进行粉碎前，需要用新鲜的自来水进行冲洗后才能继续使用。

6. 浸泡水的pH值调节

大豆浸泡过度时，浸泡水就会出现明显的产酸现象，大豆外表手感黏滑，失去了涩感和光亮，表皮轻轻一触就会被脱掉，大豆浸泡水的表面产生局部的白色泡沫，浸泡水的颜色也变为黄褐色，并且有比较明显的酸腐气味。这时需要及时采取措施调节pH值，改变酸性环境，抑制各种细菌大量快速的繁殖，以尽可能地减缓大豆在浸泡过程中蛋白质被溶出的速度，减少大豆蛋白质的流失。

浸泡水的pH值调节分为两个步骤：

（1）清洗

大豆浸泡过度后的清洗要求较高，清洗后的大豆表面应有涩感和光泽，不能留存有黏滑感。

（2）调节pH值

清洗后的大豆需要用弱碱性的自来水浸泡，低水温是最好的，一般为10~20℃。弱碱水的pH值可根据大豆浸泡过度的程度来决定，产酸越厉害，需要的碱性数值越大，一般情况下的pH值控制在8.5~10.5。

二、豆浆浓度的稳定性控制

豆浆浓度的设定是由企业所生产的豆制品品种的工艺要求决定的。豆浆浓度的稳定性在豆制品的连续化生产中至关重要，如果浓度波动的范围大，波动的频率过高，不但对后续一系列的操作特别是自动化点浆系统造成影响，而且会造成最终产品质量的不稳定,影响产品的品质。可见,控制豆浆浓度的稳定性是实现工艺标准化、生产过程连续化和操作自动化的前提,也是保障产品质量稳定性的基础。

影响豆浆浓度稳定性的因素很多,也很复杂,但关键是在制浆过程中的大豆研磨粉碎阶段,控制好豆和水投入比例的稳定性,水和豆比例的稳定的程度越高,豆浆浓度稳定的可靠性就越大。

对于采用同一批次的大豆,控制豆浆浓度稳定的方法主要有以下七个方面:

1. 稳定大豆供给速率

在豆浆浓度的稳定性控制中,保障大豆能够稳定均匀地供给,并完全进入到砂轮磨中进行研磨粉碎,这是豆浆浓度控制中首要的。大豆能否以均匀的速度,稳定地进入磨口,将直接影响到豆浆浓度是否稳定。为了使大豆以稳定均匀的速度进入砂轮磨中,一般采用"体积计量""无级变速装置",通过"机械螺旋推进"的方式,将大豆稳定均匀地送入到砂轮磨中。

2. 稳定淋水(三浆水)的浓度及供给速率

在正常的连续化生产中,大豆与淋水(三浆水)按比例混合后一起进入磨浆机,所以,要保证豆浆浓度的稳定性,在大豆供给速率稳定的前提下,还必须控制淋水的稳定。淋水的稳定指两方面:一是浓度稳定;二是供给速率稳定。但是,在实际生产中,淋水不论是采用位置落差的方式,还是依靠水泵输送的方式,其流量会经常出现波动,这时就要时常观察流量计,通过调节控制阀控制流量计的数值来调节淋水速率。另外,还要定时检测淋水(三浆水)的浓度来保持淋水浓度的稳定。

3. 保持磨糊颗粒粗细度均匀

在连续磨浆的过程中,由于磨片松动等原因,而导致磨片间隙变大。磨片间隙变大,致使大豆在磨腔中停留的时间变短,磨糊的黏稠度开始下降,磨糊颗粒变粗,颗粒中蛋白质不能充分溶出,在随后进行的浆渣分离过程中被当做豆渣而分离出去。随之豆浆的浓度就会下降。磨盘间隙越大,磨糊颗粒越大,豆浆浓度下降的幅度越大。如果此种情况得不到制浆操作人员的及时调整,将对产品质量和出品率造成不可挽回的影响。

在实际生产中,保持磨糊的细度及均匀度是保持后续生产稳定的重要条件,生产人员除了定期(40 min 左右)对磨糊进行感官检验外,还要时刻注意带动砂轮磨的电机工作情况,如果电机表盘上的电流指示针出现小额度的下降,则表明磨片有松动的可能。

4. 控制二浆水浓度及添加量

制浆系统出来的生产用浆,针对不同的产品需要不同的浓度,很多产品采用一浆（头浆）和二浆的混合浆。稳定大豆供给速率、淋水的流速及浓度、磨糊的粗细度可以控制头浆浓度的基本稳定，若要控制混合浆浓度的稳定，则还要控制二浆的浓度及添加量。在制浆过程中，二浆浓度通常控制在 3.5～4.5 Brix。二浆水的添加量根据生产用浆的要求添加。

5. 经常更换砂轮磨的磨片

大豆的研磨粉碎主要靠砂轮磨的两个磨片挤压摩擦作用而完成。一方面，磨片在连续粉碎大豆的过程中，会出现不同程度的磨损；另一方面，大豆中可能混入石块等硬性杂质，也会造成砂轮片的磨损。例如，精磨区明显划伤，过渡区被划出沟坎，粗磨区空间减少，磨口增宽加重等现象，从而影响到大豆的研磨粉碎效果，导致磨糊颗粒变粗，蛋白质不能充分溶出，豆浆浓度下降。所以，为了保证生产的稳定，要定期检查砂轮磨片的磨损情况，并定期更换。

6. 保持原料品种稳定

为了保持豆浆浓度的稳定性，控制大豆原料的品种稳定性也是非常重要的，企业的采购部门在购买大豆时要尽量考虑到品种的稳定性。同时，在投入生产前要对大豆的质量进行化验，在更换不同批次的大豆时，要重点观察豆浆出浆数量和豆浆浓度的变化，及时调节淋水的加入量以及大豆的供给量，保持豆浆浓度的稳定性。

7. 避免频繁地开停车

频繁启动制浆系统设备会对豆浆浓度的稳定性产生比较大的影响。特别是开、停车初始阶段豆浆浓度会出现无法避免的波动。因此，应尽量避免频繁地开停车。

三、影响豆腐/豆制品出品率的主要因素

豆腐/豆制品出品率是生产工艺落实的结果，也是检验过程控制的手段，是生产企业经济效益的集中体现。同时，产品出品率的高低又是生产管理能力的考核指标，是对投入产出效果的最后验证。

豆腐、豆制品的出品率高低是整个生产过程的结果，要受各个生产环节的影响与制约，每一道生产工序出现的控制异常，都能够对产品出品率造成明显的不良影响。

1. 豆腐/豆制品出品率的计算

（1）蛋白质凝固率计算

豆浆的蛋白质凝固率指豆浆中的有效成分凝固到豆腐坯中的百分比。凝固率主要受浓度、豆浆温度、凝固剂类型、蹲脑、压榨时间等因素的影响。豆浆的蛋白质凝固率可用下列公式计算：

$$\text{蛋白质凝固率（\%）} = \frac{\text{豆腐总蛋白质量（kg）}}{\text{豆浆总蛋白质量（kg）}} \times 100\%$$

此外，还可以根据上述计算公式计算固形物、脂肪等成分的凝固率。

对于一个新的工艺条件、一种新的凝固剂的凝固性能，都可以通过测量原料、豆浆、豆腐的某一成分，计算出豆浆的提取率或凝固率，然后根据数据评定其优劣。

例如，用 100 kg，8 度（以乳汁表测定）的豆浆做豆腐脑，测得其固形物含量 8.08%，用盐卤做凝固剂，出豆腐脑 38 kg，豆腐固形物含量 18.42%，则其固形物凝固率计算方法如下：

$$\text{固形物凝固率（\%）} = \frac{38 \times 0.184\ 2}{100 \times 0.080\ 8} \times 100\% = 86.6\%$$

由上式得：盐卤的固形物凝固率为 86.6%。

可多做几次试验，其工艺条件和操作技术应尽量一致。根据测得的几组数据，求出平均值，即可代表盐卤凝固剂的凝固率。

(2) 原料出品率及利用率的计算

1) 原料出品率。原料出品率主要以每 100 kg 大豆生产的豆腐量计算，这种计算方法只能用于本地区同一品种的比较。把 100 kg 大豆的出坯折成质量，但要在含水分一样以及滤浆条件相同的条件下计算出品率才准确。

①以块数计算出品率。以块数计算出品率比较简单，其公式如下：

$$\text{豆腐坯出品率（块/100 kg 大豆）} = \frac{A}{m} \times 100$$

式中　A——豆腐的块数；

　　　m——大豆质量，kg。

②以质量计算出品率。将豆腐块数折算成质量，加上坯子边皮的质量，再计算出品率，其公式如下：

$$\text{豆腐坯出品率（kg/100 kg 大豆）} = \frac{(A \times m_1) + m_2}{m} \times 100$$

式中　A——豆腐的块数；

　　　m_1——每块豆腐的平均质量，kg；

　　　m_2——划块后边皮的总质量，kg；

　　　m——大豆质量，kg。

2) 原料利用率。原料利用率的计算方法有两种：一种是以豆腐坯块蛋白质含量计算；另一种是以豆渣蛋白质含量计算。

① 以豆腐坯块蛋白质含量计算原料利用率，可分由质量计算及由块数计算两种。

由质量计算原料利用率，计算公式如下：

$$豆腐坯原料利用率（\%）= \frac{w \times w_1}{w_2} \times 100\%$$

式中　w——豆腐坯块的蛋白质含量，%；

　　　w_1——每 100 kg 大豆生产豆腐坯块的质量，kg/100 kg；

　　　w_2——每 100 kg 大豆所含蛋白质的质量，kg/100 kg。

由块数计算原料利用率，计算公式如下：

$$豆腐坯原料利用率（\%）= \frac{w \times D \div d}{w_2} \times 100\%$$

式中　w——豆腐坯块的蛋白质含量，%；

　　　D——每 100 kg 大豆生产豆腐坯块数量；

　　　d——每 1 kg 豆腐坯块的数量；

　　　w_2——每 100 kg 大豆所含蛋白质的质量，kg/100 kg。

② 以豆渣蛋白质含量计算原料利用率，计算公式如下：

$$豆腐坯原料利用率（\%）= \frac{m_3 - m_4 \times (1-w_3) \times w_4}{m_3} \times 100\%$$

式中　m_3——大豆蛋白质总量，kg；

　　　m_4——豆渣质量，kg；

　　　w_3——豆渣水分含量，%；

　　　w_4——干豆渣蛋白质含量，%。

【例 1—1】某批腐乳生产，投料为大豆 150 kg，生产规格为 1.4 cm×1.4 cm×1.8 cm 豆腐坯 9 600 块，划块后有边皮 24.2 kg，问其块数出品率及质量出品率各为多少？（豆腐坯每块质量为 31 g）

解：

根据以块数计算出品率公式可得：

$$豆腐坯出品率 = \frac{A}{m} \times 100$$

$$= \frac{9\ 600}{150} \times 100$$

$$= 6\ 400（块/100 kg 大豆）$$

豆腐坯每块质量平均为 31 g＝0.031 kg，代入以质量计算出品率公式可得：

$$豆腐坯出品率 = \frac{(A \times m_1) + m_2}{m} \times 100$$

$$= \frac{9\,600 \times 0.031 + 24.2}{150} \times 100$$

$$= \frac{321.8}{150} \times 100$$

$$= 214.5 \text{ (kg/100 kg 大豆)}$$

【例1—2】某批腐乳生产，投料为大豆150 kg，生产规格为1.4 cm×1.4 cm×1.6 cm豆腐坯9 900块，问以质量计算豆腐坯原料利用率为多少？

解：

先由测定及计算得下列数据：大豆蛋白质含量为36%，即每100 kg大豆所含蛋白质（w_2）为36 kg；豆腐坯的蛋白质含量（w）为13%；豆腐坯每块质量为31 g＝0.031 kg。

$$每100 \text{ kg 大豆产豆腐坯质量}(w_1, \text{kg}/100 \text{ kg}) = \frac{9\,900 \times 0.031}{150} \times 100$$

$$= 204.6$$

代入公式：

$$豆腐坯原料利用率(\%) = \frac{w \times w_1}{w_2} \times 100\%$$

$$= \frac{13\% \times 204.6}{36} \times 100\%$$

$$= \frac{26.598}{36} \times 100\%$$

$$= 73.88\%$$

【例1—3】条件同例1—2，问以块数计算腐乳原料利用率为多少？

解：

先由测定及计算得下列数据：

大豆蛋白质含量为36%，即每100 kg大豆含蛋白质（w_2）36 kg

豆腐坯的蛋白质含量（w）为13%

$$每100 \text{ kg 大豆生产豆腐坯块数}(D) = \frac{9\,900}{150} \times 100$$

$$= 6\,600 \text{ (块/100 kg 大豆)}$$

豆腐坯每块质量为31 g，每1 kg有豆腐坯（d）32.26块

代入公式：

$$豆腐坯原料利用率（\%） = \frac{w \times D \div d}{w_2} \times 100\%$$

$$= \frac{13\% \times (6\,600 \div 32.26)}{36} \times 100\%$$

$$= \frac{26.596}{36} \times 100\%$$

$$= 73.88\%$$

【例1—4】 条件同例1—2，得豆渣400 kg，问以豆渣蛋白质含量计算豆腐坯原料利用率为多少？

解：

先由测定及计算得下列数据：

大豆蛋白质含量为36%，则150 kg大豆总蛋白质（m_3）为54 kg。

豆渣水分含量（w_3）为81.6%。

豆渣（干基）蛋白质含量（w_4）为18%。

代入公式：

$$豆腐坯原料利用率（\%） = \frac{m_3 - m_4 \times (1 - w_3) \times w_4}{m_3} \times 100\%$$

$$= \frac{54 - 400 \times (1 - 81.6\%) \times 18\%}{54} \times 100\%$$

$$= \frac{54 - 13.248}{54} \times 100\%$$

$$= \frac{40.752}{54} \times 100\%$$

$$= 75.47\%$$

2. 影响豆腐出品率的因素

(1) 原料质量指标出现波动

豆制品的生产对大豆指标的要求是首位的，这是指导生产的第一控制要素。对于豆制品生产来讲，主要关注大豆的以下四个技术指标：蛋白质含量、杂质含量、水分含量和破碎豆所占比例。

1) 蛋白质含量出现波动。蛋白质含量又分为粗蛋白含量和水溶蛋白含量。大豆中粗蛋白含量指的是大豆中所含蛋白质的总体含量；水溶蛋白含量指的是运用浸泡水解的方法能够提取出来的蛋白质的含量。也就是说制定检测水溶蛋白质含量的指标，在实际生产中的控制和管理上，具有最确切的、最实际的指导意义。从采购标准制定上，原料中水溶蛋白含量越高，产品的出品率就会越高。粗蛋白含量指的是大豆中所含全蛋白的量，在采用水解方法提取蛋白的过程中，会有很少一部分非水溶性质的蛋白质是提取不出来的，这些蛋白质会主要留存于豆渣中流失掉。

由于大豆本身受品种产地等多种因素的影响，以上两种蛋白质含量的差异较为明显。但总体上，大豆中粗蛋白含量越高，水溶蛋白质的含量就会随之增高。通常情况下，非水溶性蛋白占大豆粗蛋白含量的13％～16％左右。

2）大豆水分含量出现波动。大豆水分含量出现波动是正常的，随着收割季节和储存时间的变化，大豆中含水量的高低会出现变化，这种变化一般在7％以下的范围。因此，水分含量的变化是需要及时掌握的，因为这是对大豆浸泡过程产生影响的一个重要因素。

3）杂质含量太高。大豆的国家标准对大豆原料的收购是有严格规定的。由于目前豆制品生产企业所用的原料豆，大都是由经销商供给，如经销商在大豆收购时把关不严，参杂现象就不可避免。大豆杂质含量超过标准，原料豆纯粮率就会下降，造成大豆单位数量原料豆中的蛋白质总量降低，而影响豆腐的出品率。大豆的杂质含量是企业采购大豆时的一项重要指标。大豆中的杂质包括无机杂质如泥土、砂石等，有机物质如无利用价值的未熟粒、虫蛀粒、病斑粒、霉变粒及子叶豆梗等。因此原料大豆的采购除了对蛋白质、水份含量需要检测外，杂质的检验同样不能忽视，对原料豆中杂质的控制是提高豆腐出品率的重要环节。

（2）浸泡水质及浸泡时水的pH值对出品率的影响

豆制品生产中大豆浸泡需要大量的水，而大豆浸泡用水的水质好坏不仅影响大豆浸泡效果，而且会影响到豆腐的出品率，因此要对生产用水进行监测分析和研究。

1）大豆浸泡用水水质。不同水质浸泡大豆制得豆腐的得率有很大的区别。使用软水、纯水浸泡大豆制得的豆腐出品率最高；而使用含有较多钙镁离子的硬水浸泡大豆，其金属离子和酸根离子对大豆膨润起抑制作用，并会阻碍蛋白质的溶出，降低大豆蛋白质在水中的溶解度，在生产中就会影响产量，而且易使产品结构变得粗糙。因此要对生产用水进行测试和分析。如生产用水的总硬度超过10 mg/L时，相当于水中含有Ca^+离子204 mg/L时，有必要对生产用水进行软化处理。一般情况下，豆制品生产用水大都使用自来水，如自来水总硬度过高，经过软化后硬度降低方可使用。一般采用离子交换器来软化自来水，此法操作方便，投资也不大。企业根据实际用水量配以合适的处理设备，有利提高产品的质量。

2）大豆浸泡用水的pH值。大豆浸泡用水一般要求中性，略偏碱性为好。大豆浸泡随着时间的延长，由原料带入的微生物会生长繁殖，泡豆水会变酸，特别在夏天生产这种现象更容易发生，在酸性水的条件下大豆蛋白质容易变性败坏，从而影响到产量和质量，严重时还会导致坏浆现象。在气温超过25℃以上的气候条件下，整个浸泡过程至少要进行一次换水，以保持浸泡用水的pH值的稳定，浸泡大豆上磨前沥清浸泡水后，再用清水冲洗以除去变酸的水。

对大豆浸泡用水进行处理达到循环利用，不仅能提高用水质量，而且节约大量的水资源，值得推广应用。运用电解功能在废水溶液中通入直流电压使其电解，在阳极侧产生高氧化还原电位（OPR）的酸性水，而阴极侧产生（OH^-）得到pH值呈碱性的电生功能水，具有较强的杀菌能力，可将浸泡水中的细菌杀灭。在循环利用浸泡水时，采用电生功能的方法进行处理，可明显提高生产用水的质量、延长产品的保质期。

（3）大豆研磨粉碎效果对出品率的影响

大豆研磨粉碎的目的是破坏大豆组织，促使大豆蛋白质能游离出来溶于水中，磨糊的粗细程度对蛋白质的抽提有很大的关系，而磨糊时加水量的多少对大豆粉碎的粗细及磨糊的稠稀有直接的影响，因此磨豆时必须控制好豆和水的比例。

豆制品生产主要是利用大豆中的蛋白质，单纯从大豆蛋白质的溶出率来看，大豆磨糊越细，与水的接触量越多，蛋白质的溶出率就越高。那么是否磨得越细越好？实际生产中并非如此，从大豆蛋白质的体积大小分析，大豆蛋白体约在3～5 μm之间，粉碎后的大豆蛋白质粒子在4 μm左右，即可达到释放蛋白质的目的，因而没有必要把细度降低到3 μm以下。粉碎过细形成细渣，反而增加过滤困难，易堵塞滤网造成分离时有效蛋白质不能顺利通过滤网而流失。同时细渣极易进入到豆浆中，影响产品的质量。因此大豆的粉碎粗细度应该控制在3～5 μm之间，并呈粗细均匀的扁平状为最佳。

（4）磨糊分离效果对出品率的影响

磨糊是含大豆蛋白质及其他营养成分的豆渣胶体。胶体溶液中的豆渣，不如悬浮液中的杂质那么易于过滤，磨糊过滤的效果与溶液的稠稀、黏度、浓度以及分离机转速等因素有关。

1）磨糊稠稀黏度调节。从磨床出来的磨糊比较稠密且黏度较大，用泵吸送到分离环节比较困难，所以在分离之前要对磨糊进行稀释。为充分利用和回收大豆蛋白质，在磨糊和洗渣时利用"三浆水"作为磨豆淋水和洗渣用水，因此豆糊的稀释也可利用三浆水直接冲入磨糊桶中进行稀释，并搅拌均匀使豆糊的稠度和黏度降低，用泵输送就容易多了，同时在泵吸送过程，利用泵的旋转进一步搅拌使进入离心机的豆糊均匀一致，有利于浆渣分离的操作。稀释用水应严格控制，一般以磨糊能稍作流动，泵吸顺畅为原则。稀释用水过多容易造成分离后的豆浆浓度降低，影响产品质量并增加后序操作的困难。

2）分离时豆浆浓度的控制。虽然在实际操作中不同产品所需的豆浆浓度是有区别的，但在分离磨糊时，豆浆的浓度不能以低浓度产品为标准。头道浆的浓度，要适应高浓度的要求；制作低浓度产品的豆浆只能用二浆水或三浆水兑入来调节；控制豆浆浓度，主要是掌握第三次洗渣所需的清水环节，及控制磨糊时的淋水量和稀释水的加入量及二浆水的兑入量，以确保高浓度产品所需的豆浆浓度要求。

3）提高豆渣中蛋白质的回收率。豆制品制作过程中蛋白质的损失主要是在豆渣中，豆渣含水量为85%左右，豆渣中含水量高，会带走一定量的蛋白质，因此要从豆渣中回收更多的蛋白质，用水要合适。另外，搅拌均匀，滤布的清洁无损，分离设备良好的性能也有很大的关系。离心机的转速一般在1 700～1 800 r/min，如传动部分磨损，皮带松动将影响分离效果。在分离时经常检查其效果，发现豆渣含水量增加，豆浆中细渣增多应停机检查，清洗滤布套袋，如滤布阻塞或破损应及时更换，以减少大豆蛋白质的流失，影响出品率。

(5) 豆浆热变性程度对出品率的影响

大豆蛋白质变性这一性质，在豆制品的生产中有着特别重要的作用。蛋白质变性是蛋白质分子中构型的改变，而蛋白质的组成和蛋白质中的氨基酸的排列不发生变化。蛋白质变性后，丧失其溶解于水的性质，可利用蛋白质变性这一性质使蛋白质沉淀或凝固。

引起蛋白质变性的因素很多，而传统的豆制品生产中主要是运用豆浆加热的方式促使大豆蛋白质的变性。大豆蛋白质在湿态下加热达70～80℃开始发生变性，所以蛋白质变性与其所处的含水量，加热时的湿度和加热时间均有关。而变性程度的不足和过度将影响产品质量及出品率，因此豆浆的加热，即大豆蛋白质的热变性要适度。

1）豆浆热变性程度不足对产品的影响。豆制品生产中的豆浆加热，除了要促使其适当变性，有利于蛋白质的凝固和成型外，另一个目的是破坏大豆中的有害生物物质，如胰蛋白酶抑制素、红血球凝集素、脲酶等不利于人体食用的有害因素，同时又可消除脂肪氧化酶释放而产生的异味，加热还可消毒灭菌，杀灭豆浆中的微生物，有利于提高产品的保质期。通常情况下，豆浆加热到96～100℃，以煮沸3～5 min为宜。如蒸汽压力不足，煮浆温度未达到96～100℃或煮沸的时间不足都将造成大豆蛋白质的变性不足。大豆蛋白质变性不足，一些未变性的大豆蛋白质不能与凝固剂发生作用，而在操作过程中随黄浆水流失而影响出品率。同时也会使凝固物缺乏弹性和韧性，成品易发红发酸影响其质量。一般大豆蛋白质的热变性程度不足，大多发生在敞口煮浆环节。由于敞口锅煮浆，通常会发生豆浆受热不均匀和泡沫引起的"假沸"现象及放浆过满，蒸汽不足等因素，因此敞口锅煮浆首先要控制好放浆的容量以防豆浆沸腾而溢浆，同时要适时消泡防止产生假沸。为了达到加热均匀，在第一次浆面沸腾时，关闭蒸气阀稍作静止，在热的作用下，可使浆液上下对流，待温度大体均匀后，再开蒸气加热煮沸，而达到适度变性的目的。

2）豆浆热变性过度对产品的影响。豆浆加热时间过长、温度过高会造成大豆蛋白质的过度变性。加热过度使大豆蛋白质营养价值降低，还会出现产品缺乏弹性、质地粗糙、持水性降低，油炸产品不发泡等现象，尤其是过度的加热，大豆蛋白质中氨基酸与糖类发生美拉特反应，使豆浆发生褐变造成产品色泽发暗而影响产品的外观色泽。豆浆热变性过度，大多因为压力式煮浆设备，因此采用压力式煮浆时，在蒸汽压力正常的情况下，应严格控制煮浆的温度和时间，且不宜反复加热。一般压力式煮浆温度，不得超过105℃以上，时间不得超过3～5 min；溢流式煮浆设备，出浆罐的温度可略高一些，但也不能超过110℃以上，以达到煮浆时豆浆中蛋白质的适度变性和有害物质的有效杀灭。

(6) 凝固效果对出品率的影响

在豆制品生产中，使豆浆凝固变成豆腐脑，也就是使大豆蛋白质从溶胶转变成凝胶。大豆蛋白质的凝固效果的好坏直接影响豆腐、豆制品的出品率的高低。影响豆浆凝固效果的因素较多，总结起来分两个方面：一方面是加工条件，如大豆原料的选择，大豆浸泡的程度，豆浆的pH值，点浆温度，蹲脑的时间和温度；另一方面，由于目前很多企业采用手工点浆，所以操作过程中点浆手法的差异也是影响凝固效果的重要因素。

1）影响豆浆凝固效果的加工条件

①原料因素。大豆原料的新鲜度是十分重要的，以色泽黄亮颗粒饱满，蛋白质含量高，水分含量低的当年产大豆原料为好。大豆存放一年以上，大豆蛋白质的溶出率通常要降低1%；而水分过高不易保管，库存中容易发生霉变对点浆凝固会带来困难，已变质的大豆其成份发生变化，点浆后凝固物粗糙，持水性差，影响凝固效果、出品率及产品质量。

②豆浆的pH值。豆浆的pH值与蛋白质的点浆凝固有直接的关系，豆浆的酸碱值是指达到蛋白质的等电点。一般pH值达4.5左右时豆浆开始凝固；pH值达到6.5～7.0这一范围是蛋白质凝固的最佳条件；若pH值高于7.0则呈碱性，碱性的豆浆会造成点浆困难，如黄浆混浊，析水时大量蛋白质随黄浆水流失，这样不

仅影响产品的色泽和口味，而且也将影响凝固效果。但 pH 值低于 4.5 时则豆浆呈酸性，点浆凝固后蛋白质凝固快，凝固物收缩快也造成制品质地粗糙，缺乏弹性，影响产品质量。

③点浆温度。豆浆经过适当的加热，促使蛋白质适当的变性，然后借助凝固剂的作用，使其凝固成型。在点浆温度上对不同的产品有不同的要求，点浆温度高，凝固作用快，凝固剂用量少。但温度太高，凝固效果差，凝固物粗糙，产量不高。而温度太低，凝固剂用量增加，凝固物热结合差，成型加工时脱水少，产品过嫩易碎易裂。点浆温度以 70～85℃ 为宜。

④蹲脑的时间和温度。豆浆点脑后必须有一段充足的静止时间，俗称蹲缸养脑，蹲脑时间和温度的控制对凝固效果十分重要。蹲缸养脑实质是蛋白质凝固的继续，豆浆中加入凝固剂后，凝固操作结束，但蛋白质的凝结聚集仍在进行，组织结构也在形成之中，只有保证较高的温度下经过一定时间的静止，结构才能稳定，否则会造成凝固不足，凝固效果差的结果。蹲缸养脑根据不同产品而有不同的要求，油炸产品一般为 10 min 左右，嫩豆腐则需 30 min 左右，其他产品以 15 min 为宜。在气温较低的情况下，要适当保温，有利于产品质量提高。

2) 影响豆浆凝固效果的操作因素。在豆制品加工过程中，点脑操作是一道关键工序，我们根据不同产品的要求，对豆浆凝固状态有着不同的要求，点脑操作也就需要采用不同的方法。

在豆浆的凝固条件完全一样的情况下，由于操作方法和操作人员的习惯不同，凝固效果是不一样的，点脑凝固操作方法一般以三种方法为多。一是点浆操作法：用铜勺左右来回划动豆浆，待豆浆上下翻动时，加入凝固剂，当初凝条件达到时停止划动，任其自然上下翻动，此法凝固剂用量少，容易掌握和判断。盐卤点浆应注意控制卤液加入的流量，不可时多时少，否则就会出现点浆过老，初凝时就出现黄浆水，凝固效果不好；二是跑浆操作法：一面搅动豆浆，使浆液旋转，一面加入凝固剂，加入完毕后用铜勺阻挡豆浆旋转，使其逆向上下翻转，初凝条件达到时即撤去铜勺，此法适合于大容器点脑，操作上要求熟练有经验，手法稍有不慎，很容易影响凝固效果；三是冲浆操作法：取少量豆浆与凝固剂一起沿容器壁冲下，利用这股冲力使豆浆与凝固剂混合翻个，此法多以石膏作为凝固剂生产含水量较大的产品。冲浆方法除了要控制好豆浆浓度与凝固剂的配比外，冲浆的力度要适当掌握，否则影响凝固效果，引起夹浆和点老等情况。

3) 豆浆凝固效果对产品质量及出品率的影响。豆浆的凝固随着凝固剂的加入缓慢地进行，当凝固剂加足量时，变化结果即显示出来，当最初出现芝麻状小颗粒脑花后，豆浆颜色变白，铜勺划动的阻力增大，待豆浆翻动完全停止后豆浆呈稠状，是判断豆浆凝固效果的依据。

点浆和跑浆能一目了然，而冲浆必须待冲过后略等片刻才能显示。一般操作得法就没有大块豆腐脑生成，只要达到稠状就可以认为完成凝固。豆浆凝固在外界条件完全一样的情况下，操作人员不同，其结果并不完全一样，一般来讲有三种情况：一是豆浆凝固适中；二是豆浆凝固不全；三是豆浆凝固过头。

凝固适中的凝固物组织结构完全一致，制得的产品细腻光亮，持水性强，析水时黄浆水纯清，析水后的凝固物花团绵软韧性好，结合力强，出品率高，质量亦好。

凝固不完全是因为凝固剂用量不足，划动力度掌握不好，没能将豆浆完全翻动起来和石膏下沉等因素，凝固物上中下三个样，上层黄浆水浑浊，部分与凝固剂结合不完善的蛋白质随黄浆水流失，造成产品的出品率不高、质量低劣的结果。

凝固剂用量过多，划动过头，凝固物组织呈明显的网状，结构粗糙，析水现象严重，黄浆水呈橙黄色，造成凝固过头，凝固物花团易结，不保水、无弹性，产品出品率低，质量差，影响产品的口感。

（7）破脑脱水对产品质量及出品率的影响

豆浆是大豆蛋白质被水溶解出来的产物。大豆在制成豆浆的各道工序中由于溶解和释放大豆蛋白质的需要，在浸泡、磨糊、分离时都加入了一定量的水分，因此凝固的豆腐脑中包含了大量的水分，在制做豆制品时，由于各种产品特性和含水的不同，需要在成型前和成型过程中，泄去部分的水分。

经过蹲缸养脑程序后的凝固物，形成了比较稳固的豆腐脑凝胶组织结构，这时原豆浆中的大量水分被包裹在凝胶之中，除了嫩豆腐类的产品加工不需要破脑泄水外，其他豆制品的制作过程都需要进行不同程度的破脑和泄水，即把已形成的豆腐脑作适当的破碎，并根据不同产品含水量的要求，析出被包围在豆腐脑之中的黄浆水，以有利于浇制成型的操作。

离泄水分的途径主要是通过破脑环节及浇制压榨环节来进行，由于品种特性的不同，两个环节的泄水要求各不相同，而离泄的黄浆水是否恰当，对浇制成型的操作和成品的质量、出品率有一定的影响。

1）破脑泄水。豆浆经过加热凝固、蹲缸养脑后，在浇制前，应根据成品的含水量的需要及产品韧性和特性的要求，来进行破脑泄水。如做含水量较高的老豆腐只需要轻微的破脑就可浇制，而老豆腐的泄水也在成型压榨时来完成。但生产豆腐干、千张、油炸制品时，则需要加大破脑的程度，破脑后豆腐脑呈离散下沉状，黄浆水聚集在表面，用泄水工具进行滤水。破脑泄水过程不能一次性泄离太多的黄浆水，应随浇制的进行分次泄水，如在破脑泄水环节一次性泄水过多，不仅造成浇制困难还会影响制品的质量和出品率，如厚薄不匀，表面不平，成品性状僵硬缺乏韧性。因此破脑的程度和泄水的多少，既要根据产品含水量的要求又要适应浇制工艺的需要适度破脑和排水。

2) 压榨成型过程中的泄水。豆腐脑浇制入型箱后，通过压榨进一步按要求排出多余的水分，同时在压力的作用下使松散的豆腐脑更好地粘合，从而使内部组织紧密，达到产品规格质量的要求。压榨的力越大，产品排水就越多，产品的含水量就越少。

压榨成型要求压力先轻缓后重急。先期加压过猛，产品表面过早形成皮膜，使该排出的内部黄浆水被阻隔，容易堵塞包布使排水不畅，而引起偏榨倒榨现象，从而影响成品质量。如压力不足，蛋白质凝胶粘合不紧，该排出的水分不能排出，产品松散易碎不能成型。因此在压榨成型过程中，所施的压力应视蛋白质凝胶粘合情况及多余水分排出状况来决定，操之过急或压力不足及时间不足，产品不能定型或成型；压力过大加压时间过长会过分排出水分，从而造成产品规格质量不符合要求，成品的产出率低而影响出品率。除需要一定压力外，还必须要有一定的温度。豆脑温度过低，即使压力再大，蛋白质凝胶之间的结合仍是松散的，成型后的坯子没有韧性。

（8）不合格品的控制

豆制品生产由于某道工序的操作不当，造成最终产品的感观质量不符合要求，而产生不合格品时有发生。在制浆、煮浆、点浆等环节全都正常的情况下，由于浇制压型、翻板划坯过程的疏忽大意造成不合格品的增多是主要原因，因此在浇制成型及翻板划坯时应严格按照规范操作，以提高产品的正品率。

1) 浇制过程的控制。浇制是将破脑后的豆腐脑舀入铺以包布的型箱中，以便造型和排水，因此包布的选择及洁净与豆制品的成型有相当密切的关系。包布的粗细紧密应与产品的含水量相适应，做含水量较高的嫩豆腐，要求持水性好，排泄黄浆水缓慢，就须用细布；而生产含水低的豆腐干则需用孔隙稍大的粗布，使其排泄黄浆水较快而畅通。

浇制时应按豆腐脑的老嫩及排水的程度掌握和运用。按脑花嫩，多上；脑花老，少上的原则，箱套边及四角密实，板与板上下左右对齐，舀入型箱的豆腐脑四角与箱套齐平，中心略高于四边，包布对角收紧压实，以减少不合格品的产生，提高成品的正品率，浇制良好的豆腐坯应厚薄一致，四边四角密实大小均匀。

2) 压榨成型过程的控制。豆制品形状是通过压榨而定型,豆腐脑浇制入型箱,收紧包布后可以移入榨床加压,其作用是促使蛋白质凝胶更好地粘合,同时按需排出多余的黄浆水。加压成型要求先轻后重,先缓后急,并应注意豆腐脑的保温和施压的时间及压力。初压时过急过重容易发生偏榨和倒榨,偏榨会造成每板豆腐坯厚薄不匀,不合格品增多;而倒榨则会造成整榨豆腐坯的报废。因此在压榨操作中应控制所施压力,并以应适应蛋白质凝胶的粘合程度及多余黄浆水排出情况而定。

加压成型需要一定的时间。时间不足,定型不牢易碎;但加压时间过长又会排出过多的水分也会引起产品的质量规格不符,因此在压型过程中要求先轻缓施压,逐步加大压力并使压力均匀,压正不偏、时间适度才能有效控制和减少不合格品的产出。

3) 翻板划坯的控制。压型后就要进行翻板和划坯,翻板要掌握稳、准、顺,防止在翻板过程中引起豆腐块状的开裂和破损,增加不合格率。划坯时握刀要直,压棍正确,收放自然以防止划坯走型及边皮的增多,提高成品率。

四、腐乳发酵过程中杂菌污染控制

1. 染菌的检查与判断

凡是在发酵液或发酵容器中侵入了非接种的微生物统称为杂菌污染。及早发现杂菌,及早采取相应措施,对减少由杂菌污染造成的损失至关重要。因此检查的方法要求准确、快速。目前腐乳发酵生产常用的检查方法有下列几种:

(1) 显微镜检查

一般单染色后用油镜观察,凡是从视野中发现有形态与生产菌株不同的菌体都可认为是污染了杂菌。

优点:简便、快速,能及时检查出杂菌。

缺点:对固形物多的发酵液检查较困难;对含杂菌少的样品不易得出正确结论,应多检查几个试样。由于菌体较小,本身又处于非同步状态,应注意区别不同生理状态下的生产菌与杂菌,必要时可用进行革兰氏染色、芽孢染色等辅助方法进行鉴别。

(2) 平板检查

若怀疑发酵液被细菌污染,可取少量待检发酵液涂布在肉汤平板上,在适宜条件下培养,若出现与生产菌株形态不一的菌落,就表明可能被杂菌污染;若要进一步确证,可配合显微镜形态观察,若个体形态与菌落形态都与生产菌相异,则可确认污染了杂菌。

优点：适于固形物多的发酵液；形象直观，肉眼可辨，不需仪器。

缺点：所需时间较长，至少也需 8 h；无法区分形态（包括细胞形态与菌落形态）与生产菌相似的杂菌，只能借助生理生化试验进行确认；检查过程需严格执行无菌操作技术。

(3) 肉汤培养检查法

此法主要用于空气过滤系统和液体培养基的无菌检查。具体方法是将葡萄糖酚红肉汤培养基（牛肉膏 0.3%，蛋白胨 0.8%，葡萄糖 0.5%，氯化钠 0.5%，1% 酚红溶液 0.4%，pH 值 7.2）装在吸气瓶中，经灭菌后，置 37 ℃培养 24 h，若培养液未变浑浊，表明吸气瓶中的培养液是无菌的，就可用于空气过滤系统的杂菌检查。把过滤后的空气引入吸气瓶的培养液中，经培养后，若培养液变混，表明过滤后的空气中仍有杂菌，说明过滤系统有问题；若培养液未变混，说明空气无菌。

此法还可用于检查培养基灭菌是否彻底，取少量培养基接入肉汤中，培养后观察肉汤的浑浊情况即可。

(4) 根据发酵过程中的异常现象来判断是否染菌

1) 溶解氧水平异常变化显示染菌。每一种生产菌都有其特定的耗氧曲线，当杂菌污染时，如果是好气性杂菌污染，会使溶解氧在较短的时间内下降，甚至接近零，且长时间不能回升；当污染的是非好气菌，生产菌的代谢由于受污染而遭抑制时，会使耗氧量减少，发酵液中的溶解氧就会升高。

2) 排气中 CO_2 的异常变化显示染菌。特定的发酵，排气中 CO_2 的含量变化也是有规律的。在染菌后，糖的消耗发生变化，从而引起排气中 CO_2 含量的异常变化。

一般说来，污染杂菌后，糖耗加快，CO_2 含量增加；污染噬菌体，糖耗减慢，CO_2 含量减少。

3) 根据 pH 值的变化及菌体酶活力的变化来判断杂菌的有无。

2. 杂菌污染的原因分析

(1) 发酵染菌率

发酵的总染菌率是指一年内发酵染菌的批次与总投料批次数之比。即

总染菌率＝发酵染菌批数/总投料批数×100%

发酵染菌率是指发酵罐中的染菌率。若种子罐染菌因及早发现未投入发酵罐中就不能计算入内。

(2) 发酵原因分析及防治措施

要防治杂菌污染，首先要知道造成污染的途径，然后对症下药，清除污染源，

达到安全生产的目的。造成发酵污染的原因很多,现介绍如下。

1) 种子带菌。在发酵前期染菌,很可能是种子带菌。种子带菌的原因主要有以下几方面。

①培养基及用具灭菌不彻底,特别是灭菌锅冷空气排放不完全,使温度达不到要求。

②菌种在移接过程中受污染。应严格无菌管理制度,合理设计无菌室,并重视人员培训,严格按无菌操作规程接种。

③菌种在培养过程或保藏过程中受污染。应注意培养室清洁卫生,规范试管的棉塞、摇瓶的瓶口布等。

2) 无菌空气系统染菌。主要是由过滤介质的效能下降引起,包括:

①过滤介质(棉花、玻璃纤维等)被油水浸湿,失去了过滤效能。

②突然停电时,由于发酵罐压力高于过滤器的压力,导致培养基倒流入过滤器的介质中,使之成为杂菌生长繁殖的场所。所以在遇停电时,要立即关闭发酵罐上的进气阀,再关闭排气阀。

③过滤介质铺放松紧不均匀,空气从疏松的部位穿过,造成过滤不完全,过滤后的空气中仍带有杂菌。

④过滤系统发生渗漏,密封性能差,造成染菌。

3) 培养基灭菌不彻底。主要原因有:

①对淀粉质原料,若搅拌时间不足,没有让淀粉与冷水充分混匀,一经加热,淀粉容易结成块状,蒸汽就不易穿入其内,致使灭菌不彻底而染菌。

②冷空气未放尽,虽到预定压力,但达不到预定温度,致使灭菌不彻底。

③对黏度高的培养基,若在灭菌过程中搅动不均匀,会造成受热不均,使一部分培养基灭菌不彻底。

4) 设备管道灭菌不彻底。主要原因有:

①设备管道存在死角,使蒸汽不能有效地到达,造成染菌。

②操作不当引起。在管道系统灭菌时,应把所有进气阀门都打开,让蒸汽均匀地进入管道,并维持一段时间。所有放气(料)阀门及进料阀门(如接种阀或加料阀)也应微开,以消除死角。

5) 设备管道系统渗漏。可能原因有:

①罐体部位腐蚀。

②罐中冷却用的蛇形管穿孔。

③管路上的阀门不配套,或阀门连接方式、管路安装方法等不当。

综上所述，发酵染菌的原因很多，我们应根据发酵的现象，合理地分析污染的原因，并提出相应的挽救措施。表1—6、表1—7和表1—8是前人在这方面的一些经验总结。

表1—6　　　　　　　　　根据发酵时期来分析原因

染菌的现象	污染的原因分析	挽救措施
发酵早期染菌（接种后12~24 h）	1. 种子带菌 2. 培养基或设备灭菌不彻底	1. 染菌的种子灭菌后弃之 2. 加强灭菌，加强设备的检修 3. 轻者加大接种量，重者补料后灭菌，再重新接种 4. 轻者照常发酵 5. 重者提前放罐
发酵后期染菌	1. 操作过程中，特别是中间补料时带入 2. 设备渗漏或空气过滤系统污染	

表1—7　　　　　　　　　根据染菌的类型来分析原因

染菌的现象	污染的原因分析	挽救措施
芽孢杆菌、霉菌	1. 培养基灭菌不彻底 2. 管道设备灭菌不彻底	1. 加强培养基的灭菌及管道死角的灭菌工作 2. 加强设备检修 3. 轻者加大接种量，重者补料后灭菌，再重新接种
不耐热的细菌	1. 种子带菌 2. 设备渗漏	
一些G⁻菌（在葡萄糖酚红培养基中菌落呈绿色）	由水带入，一般由设备渗漏或冷却器穿孔引起	

表1—8　　　　　　　　　根据染菌的范围来分析原因

染菌的现象	污染的原因分析	挽救措施
大批染同一种菌	空气过滤器除菌不净	1. 保持过滤介质干燥 2. 介质铺放均匀

续表

染菌的现象	污染的原因分析	挽救措施
部分染菌	菌种带菌或补料时染菌或其他操作不当带入杂菌	严格执行无菌操作
个别染菌	一般是渗漏等	加强设备的检查和维修

根据对多个厂家的综合分析，造成杂菌污染的原因以设备问题为主；其次是种子（主要是二级种子）染菌，而培养基灭菌不彻底造成的染菌极少发生。

学习单元 2　豆制品生产过程中的危害因素分析与关键点控制

一、原料大豆中的危害分析

1. 大豆中的天然有害因子

（1）胰蛋白酶阻碍因子

大豆中含有一种毒性物质，叫做胰蛋白酶阻碍因子（TI），是在1944年发现的。它具有抑制小肠中胰蛋白酶活力的作用，因而食用后会妨碍食物中蛋白质的消化、吸收和利用，其毒性可引起胰肠肥大。在湿热条件下加热时，胰蛋白酶阻碍因子容易被破坏。因此要降低胰蛋白酶抑制素的活性需要高温加热，胰蛋白酶抑制素活性与加热温度、加热时间的关系如图1—11所示。从图中可见，当加热温度为100℃，加热时间为10 min时，胰蛋白酶抑制素的活性单位为13；当加热温度为120℃，加热时间为10 min时，胰蛋白酶抑制素的活力单位只有3；从图中还可以看出随着加热温度的升高，加热时间的延长，胰蛋白酶抑制素的活性单位逐渐变

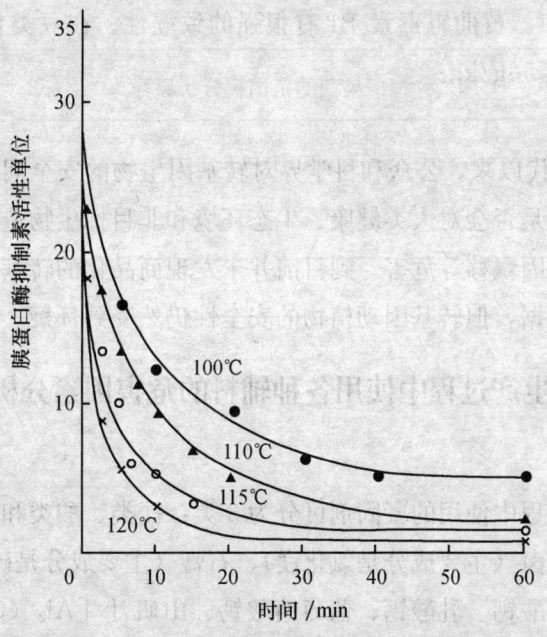

图1—11　加热对胰蛋白酶抑制素的影响

小，因此工业生产中可以根据不同需求而确定适宜的加热温度和加热时间，使胰蛋白酶抑制素的活性降至生产所需达到的水平。

（2）大豆血球凝集素

大豆血球凝集素是大豆中能使动物血液中红细胞凝集的蛋白质。大豆中至少有4种具有这种功能的蛋白质，它们能引起兔、鼠的红细胞凝集成块。大豆血球凝集素受热很快失活，甚至活性完全消失。大豆食品生产过程的加热可以使之失活，因此血球凝集素就不会对人体造成不良影响。

2. 物理危害

大豆在收获、储藏以及运输的过程中难免要混入一些杂质，如草屑、泥土、沙子、石块和金属碎屑等。这些杂质不仅危害豆制品的卫生和质量，而且也会影响机械设备的使用寿命，所以必须清除。

3. 化学危害

大豆中的化学危害主要由于环境污染如大气污染、水污染和土壤污染，农药和化肥残留等导致大豆的生长环境受到影响，致使大豆中存在有害因子，如二氧化硫、砷、铅、有机磷农药、有机氯农药及防虫防腐剂农药、除草剂农药残留等。

4. 微生物

当大豆含水量较高时，若水分超过13.5%，不仅游离脂肪酸会迅速增加，而且还会促进各种微生物的繁殖（如霉菌、细菌、酵母菌等），致使大豆霉变、变色，产生黄曲霉毒素B1。黄曲霉毒素B1有很强的致癌性。在豆类食品中黄曲霉毒素B1允许量指标为$\leqslant 5\mu g/kg$。

5. 生物危害

20世纪90年代以来，公众和科学界对转基因生物的安全问题日益关注。问题重点是转基因生物是否会对人类健康、生态环境和非目标生物造成诸如毒性、致病性、过敏性以及基因飘移等危害。到目前并未发现商品化的转基因生物危害人类健康和环境的可靠证据，但转基因动植物的安全性仍然受到怀疑。

二、豆制品生产过程中使用各种辅料的危害因素分析

1. 凝固剂

豆制品生产过程中使用的凝固剂可分为3类：盐类、酸类和酶类凝固剂。常用的盐类凝固剂是盐卤（主要成分是氯化镁）、石膏（主要成分是硫酸钙）和氯化钙。此外，硫酸镁、醋酸钙、乳酸钙、葡萄糖酸钙、山矾汁［$Al_2(CSO_3)_3 \cdot K_2SO_4 \cdot 2H_2O$］等二价盐也有凝固作用；常用的酸类凝固剂是葡萄糖酸-δ-内酯（GDL），

此外，醋酸、乳酸、柠檬酸、苹果酸等酸性物质也可使豆浆凝固。我国某些地区也用酸浆水点浆，这种酸浆水是豆腐黄浆水的自然发酵产物，pH 值在 3.0 左右，具体成分不清楚，也应属于酸类凝固剂；酶类凝固剂，一般是转谷氨酰胺酶，是一种利用特殊的酶促絮凝机制来使豆腐凝固的新型凝固剂。

使用凝固剂的食品安全危害因素为：使用质量不符合食品安全标准的不合格凝固剂；使用非食品物质，如工业石膏等，作为凝固剂。使用超出 GB 2760《食品添加剂使用卫生标准》规定范围的凝固剂。

非食品级不合格的石膏或盐卤常含汞、钡、铅、砷等有毒有害物质，是豆制品中重金属汞、铅、砷等的主要污染来源。盐卤、石膏中除了可能带入重金属离子外，还会带入大量耐盐微生物，使产品中的杂菌总数成级数增加，影响成品的质量安全。使用不合格的凝固剂葡萄糖酸-δ-内酯（GDL）GDL 也会使产品中的细菌含量超标影响产品的质量安全。

点卤所用的 GDL、石膏、氯化钙、盐卤、卤片等凝固剂必须符合各自的卫生标准，不得含有杂质，否则混在豆腐中就会有牙碜感。凝固剂用量必须适宜，盐卤过量豆制品有苦味，石膏过量豆制品有涩味，GDL 过量豆腐的酸味较重。

2. 消泡剂

豆制品生产的制浆工序会产生大量的泡沫，泡沫的存在对后续的生产操作极为不利，煮浆时易出现假沸现象，点脑时影响凝固剂分散。为了维持正常的生产，保证产品质量，必须使用消泡剂消泡。国内外使用的消泡剂有如下 4 种。

（1）硅有机树脂

硅有机树脂是近年发展使用的一种消泡剂。它的热稳定性和化学稳定性高，表面张力低，破泡能力强。硅有机树脂有两种类型，即油剂型和乳剂型，在豆制品生产中使用水溶性能好的乳剂型。硅有机树脂的允许使用量为十万分之五，使用时可预先将规定量的消泡剂加入大豆的磨碎物中，使其充分分散，可达到消泡的目的。

（2）脂肪酸甘油酯

分为蒸馏品（纯度 90% 以上）和未蒸馏品（纯度为 40%～50%）。蒸馏品的使用量为 1.0%，使用时均匀地加在豆糊中，一起加热即可。

（3）山梨糖醇

是近年常使用的一种消泡剂，热稳定性和化学稳定性较高，破泡能力强，常和其他消泡剂复配使用。

（4）与消泡剂有关的食品安全问题

使用消泡剂的食品安全危害因素为：使用质量不符合食品安全标准的不合格消

泡剂；使用非食品物质，如油角，作为消泡剂；使用超出 GB 2760《食品添加剂使用卫生标准》规定范围的消泡剂。

3. 防腐剂

使用防腐剂可抑制细菌繁殖，有效延长豆制品的保质期。传统非发酵豆制品允许使用的防腐剂有：山梨酸、山梨酸钾、丙酸钙、双乙酸钠、过氧化氢、过碳酸钠等。

使用防腐剂的食品安全危害因素为：使用质量不符合食品安全标准的不合格防腐剂；使用非食品物质，如吊白块等，作为增白剂。使用超出 GB 2760《食品添加剂使用卫生标准》规定范围的防腐剂。

4. 其他添加剂

在豆制品生产过程中允许使用的其他食品添加剂品种及使用量必须按照 GB 2760《食品添加剂使用卫生标准》执行。

在豆制品加工过程中使用的其他食品添加剂的安全危害因素为：使用的添加剂产品不符合食品安全标准；使用非食品物质作添加剂；使用超出《食品添加剂使用卫生标准 GB 2760》规定范围的添加剂。

5. 水

水是大豆制品生产中必不可少的。水的硬度对豆浆的凝固有一定的影响，直接关系到大豆蛋白质的溶解提取、凝固剂的使用量和豆腐的出品率、质量等。大量的生产实践证明，软水制豆腐要比硬水好得多，用软水制得的豆浆蛋白质含量比自来水高 0.28%，豆腐得率高 5.9% 左右。用软水生产豆腐可以大大提高大豆蛋白质的利用率。另外，生产中应注意水的 pH 值最好为中性或微碱性，而要尽量避免使用酸性或碱性较强的水。

水使用过程中的食品安全危害因素为：使用水质不符合 GB 5749《生活饮用水卫生标准》的水；储水池不定期清洗消毒，造成生产用水被污染。

三、生产中机械设备、管道及器具的危害因素分析

由于设备内壁和各种中间产品直接接触，特别是夏天微生物繁殖迅速，成为豆制品加工过程中豆制品的主要的污染源。所以，用于加工制造、包装、储运等的设备、工器具和生产用管道，应定期清洗消毒；与食品接触部分消毒后要清洗彻底（热消毒除外），以免消毒剂残留造成污染；完工后，对使用过的设备工器具应进行彻底清洗消毒，必要时在开工前再清洗 1 次（仅与干燥食品接触的除外）；已清洗、消毒过的可移动设备和工器具，应放置在能防止其食品接触面再受污染的场所，并

保持适用状态。

四、包装材料的危害因素分析

包装材料内表面也会带入一定数量的微生物，同时不符合安全标准的包装材料会在食品保存的过程中游离出有害物质，所以必须使用符合国家安全标准的包装材料。

五、操作人员的危害因素分析

生产中操作人员双手接触豆制食品、辅料及器具，如果不注意卫生会带入大量细菌，所以进入豆制品生产车间的操作人员必须保持良好的卫生。进入生产车间前，必须穿戴好整洁的工作服、工作帽、工作鞋靴。工作服应盖住外衣，头发不得露出帽外，必要时需戴口罩。不得穿工作服、鞋进入厕所或离开生产车间。操作时手部应保持清洁，上岗前应洗手消毒，操作期间要做到勤洗手等。

六、豆浆生产过程中的危害因素分析

1. 豆浆生产工艺过程

豆浆生产工艺过程如图1—12所示。

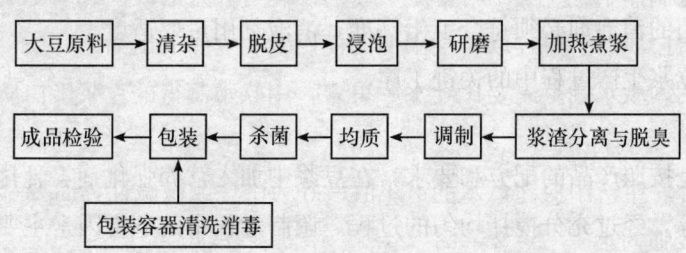

图1—12　豆浆生产工艺过程

2. 豆浆生产过程中影响产品质量的危害因素

（1）大豆清杂

大豆清杂过程中的危害因素为：清杂不彻底造成大豆中的砂石、杂草等杂质及霉豆等没有去除，致使最终成品色泽发暗，口感风味变差，霉豆中含有大量黄曲霉毒素会带入最终成品，使成品中的黄曲霉毒素含量升高。

（2）脱皮

大豆的表皮柱状细胞中附着有土壤中的细菌，尤其是芽孢杆菌，脱皮可以减少大量的细菌。另外，大豆脱皮可以缩短脂肪氧化酶钝化所需要的加热时间，使豆浆保持良好的颜色和风味。所以脱皮是豆浆生产过程中的关键工序。

（3）浸泡

大豆浸泡过程中的危害因素是：由于浸泡不充分、浸泡时间过长、温度过高而导致附着在大豆表面的农药残留及微生物没有去除或者微生物滋生。浸泡池内壁要求光滑无气孔，不脱落，浸泡时间不宜过长，浸泡的环境温度不宜过高，否则易腐败，夏秋季要做到勤换水，也可适量加碱，但不宜过量。

（4）磨浆

磨浆过程中的危害因素：由于磨浆机、管道、工具等清洗消毒不彻底而导致细菌污染。因此磨浆前要对磨浆机、管道、工具等进行清洗消毒。磨浆要注意颗粒细度，以 100~120 筛目为佳，有利于豆浆溶出和纤维分离。浆液过滤清除豆渣，注意保洁，以减少细菌污染。

（5）煮浆

煮浆过程中的危害因素：加热温度不够，煮浆不彻底而导致蛋白质变性不够，大豆中的不良因子胰蛋白酶抑制剂没有被破坏、脂肪氧化酶和大豆血球凝集素没有失活。因此煮浆应控制温度在 95~100℃，时间为 3 min 以上。这样，不仅能使大豆蛋白质变性，提高蛋白质的消化吸收率，还可以去除或破坏大豆中有害人体健康的胰蛋白酶抑制剂等有害物质，杀灭有害微生物。

煮浆使用的消泡剂必须符合卫生标准，消泡剂用量要适度。

煮浆是豆浆生产过程中的关键工序。

（6）调制

调制就是按照产品的配方和要求，在豆浆中加入营养强化剂、乳化剂、香精香料及稳定剂等，经过充分搅拌均匀的过程。调制过程中的危害因素主要有：使用不符合食品安全标准的营养强化剂及乳化剂、香精香料和稳定剂等食品添加剂；使用非食品物质作为添加剂；超出 GB 2760《食品添加剂使用卫生标准》范围使用或超量使用食品添加剂。

（7）杀菌

豆浆富含蛋白质、脂肪及糖类，是细菌的良好培养基，经调制后的豆浆应尽快杀菌。豆浆的杀菌方法有 3 种，即巴氏杀菌、高温高压杀菌和超高温瞬时杀菌。采用巴氏杀菌后的豆浆应及时迅速冷却，且储存于 2~4℃ 的环境下，否则容易导致细菌繁殖而出现变质；采用高温高压杀菌和超高温瞬时杀菌的豆浆一般可以在常温下保存 30 天以上，如果杀菌时温度或压力不够，耐热性芽孢杆菌没有全部被杀灭，也容易在保质期内出项细菌繁殖而变质的现象。杀菌是豆浆生产过程中的关键工序。

(8) 包装

豆浆的包装形式很多，常见的有玻璃瓶包装、PET瓶、复合袋、UHT无菌包装袋、利乐包装等。豆浆包装过程中的危害因素：包装材料不卫生而带入各类细菌及有害物质，包装材料密封性不好或包装时封口不严导致细菌进入造成二次污染。

七、盒装北豆腐生产过程中的危害因素分析

1. 盒装北豆腐生产工艺过程如图1—13所示

2. 盒装北豆腐生产过程中的影响产品质量的危害因素

(1) 大豆清洗、浸泡

大豆清洗、浸泡过程中影响产品质量的危害因素为：清洗不彻底或清洗次数不够，造成大豆中混有的砂石、杂草等杂质及霉豆等没有去除，致使最终成品色泽发暗，口感风味变差；浸泡不充分、浸泡时间过长、温度过高而导致附着在大豆表面的农药残留及微生物没有去除或者微生物滋生。加工前应对大豆进行挑选，除去杂质，然后经3次充分清洗（带搅拌）以除去大部分农药残留和附着微生物，洗净再浸泡。浸泡池内壁要求光滑无气孔，不脱落，浸泡时间不宜过长，否则易腐败，夏秋季要做到勤换水，也可适量加碱，但不宜过量。

(2) 磨浆

磨浆过程中的危害因素：由于磨浆机、管道、工具等清洗消毒不彻底而导致细菌污染。因此，磨浆前要对磨浆机、管道、工具等进行清洗消毒。磨浆要注意颗粒细度，以100～120筛目为佳，有利于豆浆溶出和纤维分离。浆液过滤清除豆渣，注意保洁，以减少细菌污染。

(3) 煮浆

煮浆过程中的危害因素：加热温度不够，煮浆不彻底而导致蛋白质变性不够，大豆中的不良因子胰蛋白酶抑制剂没有被破坏、脂肪氧化酶和大豆血球凝集素没有失活；煮浆时使用不符合食品安全要求的消泡剂，或者过量使用消泡剂。加热能使大豆蛋白质变性，提高蛋白质的消化吸收率；加热还可以去除或破坏大豆中有害人体健康的胰蛋白酶抑制剂等物质。煮浆温度应控制在95～100℃，时间为3 min以上。煮浆使用的消泡剂必须符合卫生标准，消泡剂用量要适度。煮浆是豆腐生产过程中的关键工序。

(4) 点浆成型

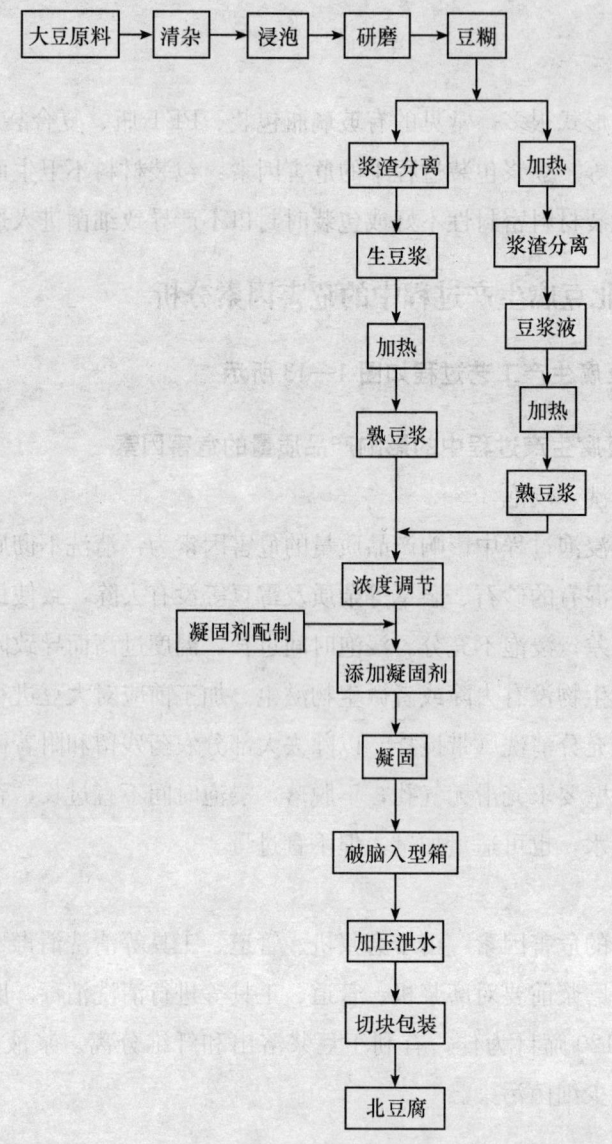

图 1—13 盒装北豆腐生产工艺流程

不同种类的豆腐使用不同的凝固剂进行点浆操作，点浆时影响豆腐质量安全的危害因素为：使用不符合食品安全标准的凝固剂。所以，点浆所用的凝固剂必须符合食品安全标准，凝固剂用量要适度。

虽然不同种类的豆腐采用的成型工艺稍有不同，但是，在豆腐成型过程中影响产品质量安全的危害因素是一样的：由于成型设备及操作器具的不洁而带入有害微生物；豆腐成型操作后没有快速冷却，或者冷却时间不够，中心温度没有降到细菌生长的适宜范围外，致使豆腐内微生物很快繁殖而影响产品质量。所以，成型所用的箱、板、布等器具必须彻底清洗干净并消毒；成型设备应随时清洗保持清洁；成型后的产品需快速进行冷却，且保证冷却时间。

(5) 切块包装

豆腐的包装主要以盒装为主，豆腐包装过程中的危害因素：包装材料不卫生而带入各类细菌及有害物质，包装过程中带入空气、材料密封性不好或包装时封口不严导致细菌进入造成二次污染。

八、充填豆腐生产过程中的危害因素分析

1. 充填豆腐生产工艺过程

充填豆腐生产工艺过程如图1—14所示。

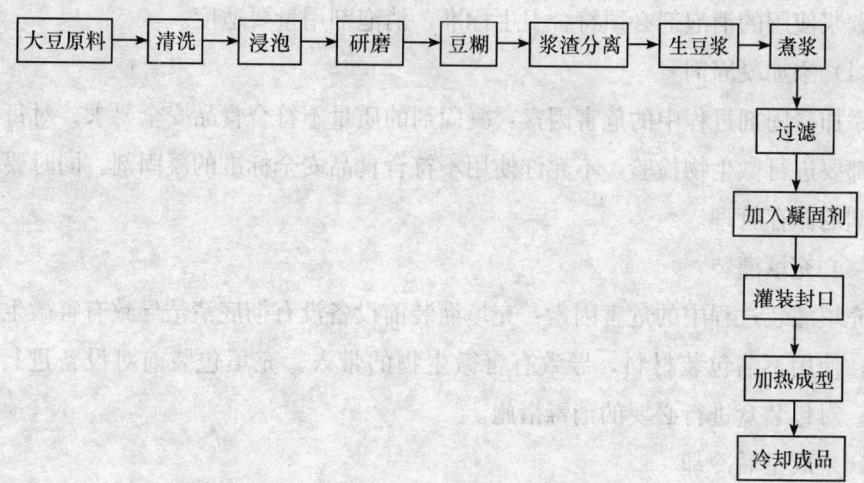

图1—14 充填豆腐生产工艺流程

2. 充填豆腐生产过程中的影响产品质量的危害因素

(1) 大豆清洗、浸泡

大豆清洗、浸泡过程中影响产品质量的危害因素为：清洗不彻底或清洗次数不够，造成大豆中混有的砂石、杂草等杂质及霉豆等没有去除，致使最终成品色泽发暗，口感风味变差；浸泡不充分、浸泡时间过长、温度过高而导致附着在大豆表面的农药残留及微生物没有去除或者微生物滋生。加工前应对大豆进行挑选，除去杂质，然后经3次充分清洗（带搅拌）以除去大部分农药残留和附着微生物，洗净再浸泡。浸泡池内壁要求光滑无气孔，不脱落，浸泡时间不宜过长，否则易腐败，夏秋季要做到勤换水，也可适量加碱，但不宜过量。

(2) 磨浆

磨浆过程中的危害因素：由于磨浆机、管道、工具等清洗消毒不彻底而导致细菌污染。因此，磨浆前要对磨浆机、管道、工具等进行清洗消毒。磨浆要注意颗粒细度，以100～120筛目为佳，有利于豆浆溶出和纤维分离。浆液过滤清除豆渣，注意保洁，以减少细菌污染。

(3) 煮浆

煮浆过程中的危害因素：加热温度不够，煮浆不彻底而导致蛋白质变性不够，大豆中的不良因子胰蛋白酶抑制剂没有被破坏、脂肪氧化酶和大豆血球凝集素没有失活；煮浆时使用不符合食品安全要求的消泡剂，或者过量使用消泡剂。加热能使大豆蛋白质变性，提高蛋白质的消化吸收率，加热还可以去除或破坏大豆中有害人体健康的胰蛋白酶抑制剂等物质。煮浆温度应控制在95～100℃，时间为7 min以上。煮浆使用的消泡剂必须符合卫生标准，消泡剂用量要适度。

(4) 添加凝固剂

添加凝固剂过程中的危害因素：凝固剂的质量不符合食品安全要求。对每批凝固剂都要进行微生物检验，不允许使用不符合食品安全标准的凝固剂。同时要加强凝固剂的储存管理。

(5) 充填灌装

充填灌装过程中的危害因素：充填灌装前设备没有彻底清洁导致有害微生物的带入；使用不洁包装材料，导致有害微生物的带入。充填包装前对设备进行CIP清洗；对包装盒进行必要的消毒措施。

(6) 成型后冷却

这个过程中的危害因素主要是冷却时间短，豆腐的中心温度仍在25℃以上，冷却后没有立即进入冷库存放，导致微生物繁殖而使产品变质。

一般工厂采用水浴冷却，冷水温度10℃左右，冷却时间需要达到30 min以上，豆腐的中心温度下降到25℃以下，冷却后成品须立即放入冷库存放24 h才能出厂销售。

九、豆腐泡油炸过程中的危害因素分析

豆腐泡油炸过程中的危害因素主要有两个方面：一是油炸用油不符合食品安全要求，包括使用不合格的食用油脂；使用经过反复油炸的陈油，这种经过反复高温油炸的油会产生有害物质。二是油炸温度过高导致油炸过程中产生热氧化和热聚合反应，产生丙烯醛和环状聚合体等有毒有害物质。

油炸豆腐泡首先要使用符合食品安全要求的食用油脂；其次，对变质的油要及

时更换；在油炸过程中应尽量减少空气与炸油的接触，及时清理油炸生坯中析出的细小颗粒；控制好油炸温度不要超过180℃。

十、卤制产品卤制摊晾过程中的危害因素分析

卤制过程中的危害因素有三个方面：一是不按标准使用调味料；二是超范围或超量使用食品添加剂；三是使用非食品原料。配制卤料使用的调味料应符合相应的产品质量安全标准；使用的添加剂种类及使用量应严格按照《食品安全国家标准食品添加剂使用标准》的要求，不允许使用非食品原料作为添加剂。

目前大部分企业生产卤制产品时都有摊晾这一过程，摊晾的目的是使产品表面的水分蒸发。这个过程的危害因素主要来自空气污染、摊晾设备的污染、操作人员的污染。所以用来摊晾的车间须清洁卫生，空气应保持一定的洁净度，摊晾的设备需定时清洗消毒，操作人员须严格遵守清洁区作业卫生要求。

十一、腐竹成型揭膜过程中的危害因素

腐竹成型揭膜过程中的危害因素主要为：超量使用亚硫酸盐；使用非食品原料；揭膜后不及时烘干导致有害微生物的滋生。腐竹生产过程中使用的添加剂种类及使用量必须严格按照《食品安全国家标准食品添加剂使用标准》的要求，不允许使用非食品原料作为添加剂。揭膜后摊凉时间需适当控制，并应及时进入烘房烘干。

十二、腐乳发酵过程中的危害因素

腐乳发酵过程中的危害因素主要为：发酵前期的肠道细菌和金黄色葡萄球菌产生的毒素；发酵后期的嗜温好气菌和蜡样芽孢杆菌；添加的红曲存在毒性物质橘毒素。

如果采用的原辅材料不符合食品安全的要求，实际操作和过程控制不严格，在发酵前期会感染肠道细菌和金黄色葡萄球菌。尽管肠道细菌和金黄色葡萄球菌在成品腐乳中一般检测不到，但它们在腐乳发酵前期生长并产生毒素，这种危害是不容忽视的。

目前，我国腐乳中的食盐含量普遍在6.5%以上，乙醇含量在5%左右，应该不存在病源微生物的威胁，但在实际生产中，若采用的原辅材料不符合食品安全的要求，实际操作和过程控制不严格，就会生产有害微生物——大量的嗜温好气菌和蜡样芽孢杆菌。

红曲在酿造、中药、食品、烹饪等领域应用非常广泛，在我国已有一千多年的历史，被喻为我国古代人民的伟大发明，红曲霉也是目前世界上唯一生产食用色素的微生物，但某些红曲菌株会产生毒性物质橘霉素。由于橘霉素具有的肾毒性和潜在的致畸性，会对人体产生一定的潜在危害，所以，生产过程中必须使用符合食品安全标准的红曲。

十三、豆浆粉生产过程中关键工序的危害因素分析

1. 豆浆粉的生产工艺流程

豆浆粉的生产工艺流程如图1—15所示。

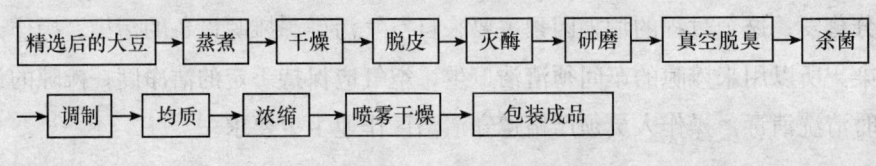

图1—15 豆浆粉的生产工艺流程

2. 豆浆粉生产过程中关键工序的危害因素分析

（1）灭酶

1）危害分析。大豆籽粒经破碎，只要少量的水分，脂肪氧化酶就可以催化大豆中的亚油酸、亚麻酸等发生氧化降解。脂肪氧化酶催化氧分子氧化含顺—1，4—戊二烯的不饱和脂肪酸及其脂肪酸酯，生成氢过氧化物。这些氧化降解产物已鉴定出有近百种，许多与大豆腥味有关，其中有代表性的挥发性化合物是正己醛。很多消费者，对豆腥味很不适应，几乎达到不能忍受的程度。

在脱皮过程中，容易造成某些芽孢杆菌的污染。例如大豆从土壤中带来的嗜热脂肪芽孢杆菌、腊状芽孢杆菌等。

2）控制。水分限值：大豆水分的最佳控制为9.5%～10%，超过10%或低于5%系统会自动发出警告，操作人员要采取措施。

温度限值：80～85℃。

pH限值：7.5～8.0。

3）监测。操作人员要在生产过程中注意温度的变化，检验人员随机取样测量水分含量，每天多次记录设备仪表和实验数据。检测结果存档备查。一旦出现偏离，立即向管理人员报告，采取纠偏措施。

（2）磨浆

1）危害分析。豆瓣磨碎的过程中容易被微生物污染，如某些致病性大肠杆菌、

空气中的细菌等。大豆中含有丰富的蛋白质，豆乳是微生物优良的培养基。在磨浆的过程中很容易孳生许多腐败菌，在低于80℃的温度下，脂肪氧化酶可能恢复活性，产生豆腥味。

2) 控制。在粗磨中，温度限值为80～82℃，豆糊细度为90目，豆渣水量为87%，豆浆浓度为8%，pH限值为7.0～7.2，以保证提高大豆蛋白的提取率。在精磨中，温度限值为80～82℃，豆糊细度为150目，豆渣水量为80%，豆浆浓度为8%。为提高蛋白提取率也可增加二次浸浆的方法。

3) 监控。每天多次取样检验菌落总数、大肠菌群数、致病菌数。用波美计测比重，一般在0.93～0.95°Bé。

应用凯氏定氮仪测蛋白质溶出率。

如果所测结果不符合既定标准，则要采取分离再加工，这时由品控管理人员指导，将以上所测数据存入到电子存储器中，用于将来分析使用。

(3) 真空脱臭

1) 危害分析。大豆加水磨浆过程中产生的豆腥味（包括苦涩味），严重影响食品的风味与口感。用传统方法制得的豆浆以及豆腐类制品这种影响很明显。

2) 控制。利用高压蒸汽（0.6 MPa），将豆浆迅速加热到140～150℃，将热浆导入真空冷凝室，对过热的豆浆突然抽真空，豆浆温度骤降，体积膨胀，部分水分急剧蒸发，除去异味物质。从脱臭系统出来的浆料温度可降至75～80℃左右。加热温度限值：140～150℃。

3) 监测。通过感观检验，对样品抽样判断，用气相色谱测正己醛的含量。如果出现偏差及时采取纠偏措施，记录结果。

(4) 均质

1) 危害分析。由于脂肪从豆乳的乳浊液体系中游离出来，通过脂肪膜的相溶性进而形成较大的脂肪团块，集中上浮到豆乳的表层，形成油线。通过均质处理，避免出现油线。在均质过程，由于多采用非无菌均质机，所以容易导致某些细菌侵入。

2) 控制。豆乳的均质效果主要受3个因素的影响：均质温度、均质力及均质次数。均质温度根据均质机的性能，一般在65～70℃之间；两次均质压力限值为14～15 MPa和4.5～5 MPa；均质次数一般为两次。

3) 监测。定期抽样检测细菌总数、致病性大肠杆菌总数、芽孢杆菌总数。通过实验测均质后若干时间内是否有脂肪分离，是否有沉淀。如果出现不合标准的情况，及时做调整，记录数据。

(5) 杀菌

1) 危害分析。经过调制、均质的豆乳中有许多新孳生的腐败菌,还有一些未杀死的抗营养因子胰蛋白酶抑制物等,这些危害物对人的健康不利。

2) 控制。在杀菌后要抽样检验,必须控制耐热芽孢总数不多于限值 100 个/mL,细菌总数也要控制在一定范围内。超高温灭菌后抽检,胰蛋白酶钝化率要达到限值 70%;不含任何致病菌;脲酶活性呈阴性;细菌总数不多于限值 10 000 个/mL;大肠菌群不多于限值 90 cfu/mL。

3) 监测。确保杀菌罐、蒸汽喷射器、UHT 灭菌机等各自的工作参数或程序设定正确,灭菌彻底。随机多次取样,定期监测有关指标,除上述各项指标外,还要测蛋白含量、水分含量、脂肪含量等。所有的数据通过记录软件存入电子储库。如出现偏差,机器会自动停止运转。

(6) 浓缩

浓缩是豆浆粉生产的关键工序,一般情况下,纯豆浆粉基料浓缩后产品中固形物含量应控制在限值 14%~15%;采用真空浓缩时,温度限值为 50~55℃,压力限值为 80~90 kPa;采用双效浓缩时,一效蒸发温度限值 62℃,二效蒸发温度限值 46℃。调节 pH 值限值为 6.5~7.0;浓缩结束时,将浓度为 65% 的砂糖溶液(此溶液要在 80℃ 以上的温度下加热 10~15 min,然后冷却至 60~70℃)吸入浓缩器与豆乳混合。

采用将豆乳与糖浆全部混合后一起杀菌浓缩的方法,采用三效时,各效蒸汽温度范围:一效温度限值 65~72℃;二效温度限值 58~62℃;三效温度限值 46~50℃,浓缩后总干物质控制在限值 42%~48%。

(7) 喷雾干燥

将浓缩后的基料用高压泵打入喷雾干燥塔。采用压力喷雾塔干燥时,进风温度限值 140~150℃,排风温度限值 80~85℃,雾化角度限值 70°。采用离心式喷雾器喷雾干燥时,进风温度限值为 150~160℃ 时,排风温度限值为 80~90℃。一般以改变浓豆乳的流量来控制排风温度,水分与排风温度有直接关系。

第2章 豆制品品质控制

第1节 豆制品原辅材料及包装材料的品质控制

 学习目标

➢ 能找出原辅材料外包装质量问题的原因
➢ 能对原辅材料的质量问题提出解决办法
➢ 能拟定原辅材料企业质量控制指标

食品包装是现代食品加工的最后一道工序,它起着保护、宣传和方便食品储藏、运输、销售的重要作用,已成为食品不可分割的重要组成部分,对食品质量产生直接或间接的影响。目前我国允许使用的食品容器、包装材料从原料上可分为塑料制品,天然、合成橡胶制品,陶瓷、搪瓷容器,铝、不锈钢、铁质容器,玻璃容器,食品包装用纸有复合薄膜、复合薄膜袋、竹木、棉麻等。食品包装与食品安全有密切的关系,食品包装必须保证被包装食品的卫生安全。

一、食品包装常见的质量问题

1. 阻隔及密封性问题

阻隔及密封性问题主要针对需要真空包装的产品,豆制品真空包装一般使用塑

料包装材料和玻璃瓶包装材料。这两种包装产生的阻隔及密封性问题主要有以下几个方面：

(1) 包装材料阻隔性差

对于纯铝箔复合膜来说，阻隔性差，水蒸气透过量和氧气透过量不合格主要是由铝箔的质量较差、针孔较多引起的。铝箔针孔是造成纯铝箔复合膜对水蒸气和氧气阻隔性差的唯一原因，完美的无针孔的铝箔，水蒸气透过量和氧气透过量为零。因此，塑料包装生产企业一方面要选用质量好的铝箔原材料，对铝箔原材料进厂时应检测其针孔情况；另一方面要注意车间和设备的卫生。

对于镀铝复合膜来说，对水蒸气和氧气的阻隔性能不合格主要是由于镀铝层存在质量问题，一方面可能是镀铝层太薄，另一方面可能是存在镀空线和针孔，镀空线和针孔可以通过暗室灯光检查（类似铝箔的针孔检查）。另外，镀铝层太薄不仅使其阻隔性能降低，还会造成复合产品发黑，特别是与印刷大面积白底的薄膜复合时尤为明显。

(2) 复合膜内层和次内层的剥离强度不合格

引起复合膜内层和次内层剥离强度不合格的原因有很多，如黏合剂和油墨选择不当、薄膜和铝箔表面张力不够、薄膜（特别是聚乙烯薄膜）中的添加剂（特别是爽滑剂）含量太高、复合时上胶量不足、固化温度不高、固化时间不够等。

(3) 纸张与PE复合产品的热封强度不合格

纸张与PE复合一般有两种方式：干式复合和挤出淋膜。如果用干式复合来生产纸型复合膜，由于纸张表面很粗糙，同时纸张具有吸收性，故很难提高纸张与PE的复合强度，因而复合产品的热封强度较低。对于挤出淋膜方式，应当注意控制好挤出工艺，挤出温度太低，会造成PE与纸张的复合强度低，从而使热封强度下降；挤出温度太高，会造成PE氧化交联，使热封温度偏高，且热封强度下降。挤出淋膜时，PE的厚度不能太薄，否则很难达到高热封强度。

(4) 塑料瓶的密封性不好

塑料瓶的密封性与塑料瓶本身的结构情况有关，如带螺旋盖的试瓶、直接压盖式的试瓶（不带螺旋盖的试瓶）、连体式的试瓶，有的瓶盖中有垫片（并注明要热封），有的瓶盖中没有垫片也没有注明封口方式。一般地，瓶盖中有垫片且经过电磁感应封口的塑料瓶，其密封性都合格；瓶盖中没有垫片的塑料瓶，经过扭矩仪（取标准中规定最大的扭力）锁紧瓶盖后，有的密封性合格，有的密封性不合格，这跟产品的工艺有关系（比如瓶口与瓶盖的配合性不好）。造成塑料包装产品缺陷的原因是多种多样的，在生产过程中应总结经验，加强质量管理，建立科学合理的生产体系，尽可能减少产品缺陷。

（5）玻璃瓶的密封性问题

玻璃瓶包装容器存在的密封性问题是由下列原因综合造成的：

1）瓶盖。ABS塑料易受应力腐蚀破裂并存在老化现象。

2）瓶盖拧紧力矩不统一。瓶盖与玻璃瓶口仅有一道密封面。必须通过拧紧保证瓶盖与瓶口的密封。由于产品包装为手工操作，不同人操作拧紧力矩不统一，造成密封效果不尽一致。

3）玻璃瓶存在质量问题。玻璃瓶为管制瓶，半机械半人工加工，受人为因素影响，均一性较差，部分瓶头螺纹差别较大，与瓶盖配合不良，且双层垫片易发生移位而出现不重合现象，即便在同样拧紧力矩下，也会存在密封不严的问题。

2. 包装材料问题

包装作为食品的"贴身衣物"，其在原材料、印刷油墨、印刷辅料等方面的安全性将直接影响食品质量。

（1）包装原材料材质

食品软包装原材料主要有聚乙烯、聚丙烯、聚酯、聚酰胺等高分子材料。这些材料因本身分子结构和成型工艺及所加助剂不同而表现出较大差异。因此，对于食品厂家来说，选择一种适合自己产品的包装原材料尤为重要，否则就会出现食品安全问题。

（2）印刷油墨

食品包装膜对油墨的要求除了具有一般的和基材结合力、耐磨性外，还要能够耐杀菌和水煮处理，及耐冻性、耐热性等以保证在运输、存储过程中不会发生油墨脱落、凝结等现象。目前大多数油墨本身含苯，只能用含有甲苯的混合溶剂来进行稀释，如果企业在生产食品包装时使用了纯度较低的廉价甲苯，那么苯残留的问题会更加严重。

（3）印刷辅料

食品包装印刷污染已经成为食品二次污染的主要原因之一。一直以来被公认为是致癌物质的苯类，目前主要用于复合包装材料黏合剂和塑料印刷油墨的溶剂。由于在印刷过程中苯类溶剂挥发不完全，有可能造成苯类物质在包装材料中残留，在食品包装过程中及完成后，苯类物质渗透到食品中，从而造成对食品的污染。

（4）印刷工艺

我国目前的食品包装袋基本上以凹印为主，在超市里所见的各种各样的食品包装袋，采用氯化聚丙烯类油墨印刷的居多，而欧美等国家大都以柔印为主，柔印在网点表现上比凹印稍逊一筹，印刷质量稍逊，但是在环保方面却占尽先机。在我国，柔印等环保技术在市场上的接受度并不高。因为柔印采用的是凸印原理，比起浓油重彩的凹印，相对上色油墨较少，比较薄，着色度也不是很高，从亮度上来讲不及凹印鲜亮。

3. 标识问题

《中华人民共和国食品安全法》（以下简称《食品安全法》）第四十二条规定，预包装食品的包装上应当有标签，并明确了标签应当标明的内容。企业对食品标签的重视程度有了很大的提高，但还存在一些问题，主要集中在净含量、标准、配料表、产品属性名称等几方面。下面具体分析一下各类常见不合格项的主要问题：

（1）标示了《食品安全法》第四十二条及《预包装食品标签通则》（GB 7718）中强制性标示的 9 项内容，但标示不规范。常见的问题有：

1）标签上表示按照××××标准执行，但该标准是大类产品，没有标明具体类别的名称或具体名称标示错误。

2）未标示产品执行标准的年号。

3）QS 标志变色，甚至出现了第三种颜色。根据《中华人民共和国工业产品生产许可证管理条例实施办法》的规定，QS 标志主色调为蓝色，字母"Q"与"生产许可"四个中文字样为蓝色，字母"S"为白色，可根据需要按式样比例放大或缩小，但不得变形、变色。

4）能量和营养素标示中使用非法定计量单位，如能量的单位标示为卡、大卡等，其正确标示方法应该是焦（J）、千焦（kJ）或千卡（千焦）、kcal（kJ）。

（2）标识中出现繁体字的问题。GB 7718 规定，预包装食品标签的内容应使用规范的汉字。但在实际标识中，尤其在广东，因地域上毗邻港澳，很多企业认为标注繁体字有助于销售，所以在这个问题上经常出错。

（3）字符高度的问题，GB 7718 规定，包装物或包装容器最大表面面积大于 35 cm^2 时，强制标示内容的文字、符号、数字的高度不得小于 1.8 mm（7 号字）。但在实际中有些商品包装上的字符往往高度小于此要求。

（4）信息字的颜色与底色过于接近，使人不易辨认和识读。

（5）标示中的拼音字符大于中文字符，不符合 GB 7718 的规定。

（6）无真实属性名称或错标属性名称。如产品名称只标注为"素鸭"而没有具体产品属性，造成消费者无法知道该产品到底是用什么原料制作的。

（7）配料清单标示不符合规定，主要有：

1）配料清单无标题。

2) 标题不规范，如标示为材料等。

3) 配料表中各种配料未采用标准规定的具体名称，如白砂糖标注为糖、食用盐标注为精盐等。

4) 配料清单中无主要配料。

5) 未标示具体使用的添加剂的名称或代码，而只标示了类别名称。

6) 在产品中检出了食品添加剂，但在标签中未标示。

（8）净含量标注不合要求，主要是净含量字符高度不符合要求。GB 7718 对净含量的要求是"净含量的标示应由净含量数字和法定计量单位组成"，对净含量计量单位的要求是体积单位用 mL（ml）（毫升）、L（l）（升），质量单位用 g（克）、kg（千克）表示，对净含量字符的最小高度的要求见表 2—1。

表 2—1　　　　　　　　　净含量字符的最小高度要求

净含量 Q 范围	字符的最小高度（mm）
Q≤50 mL，Q≤50 g	2
50 mL<Q≤200mL，50 g<Q≤200 g	3
200 mL<Q≤1 L，200 g<Q≤1 kg	4
Q>1 kg，Q>1 L	6

（9）日期标示不合格，主要表现为：

1) 字迹不清晰，信息字颜色与底色过于接近，无法辨认。

2) 热压的数字太浅，不清晰，很难识别。

3) 提前出厂，如 2010 年 7 月 5 日生产的，其生产日期标注为 2010 年 7 月 6 日。

（10）标错执行标准，或标注过期的企业标准。

（11）对没有分产品等级的商品乱标产品质量等级。

二、豆制品原辅材料常见质量问题及预防措施

1. 原料大豆的储存与品质控制

大豆是每年收获一次的农产品，从收获到加工大都需要经过一段时间的储藏。大豆子粒在储藏过程中，其本身会发生一系列复杂的变化，这些变化在很大程度上会直接影响大豆的加工性能和产品的质量。因此，了解大豆储藏过程中的变化机理以及影响因素，掌握和控制其变化条件，就可以防止大豆在储藏过程中发生质变。

（1）大豆在储藏过程中的质变机理

收获后的大豆要进行生理呼吸。呼吸作用会消耗大量的有用成分，如糖、脂

肪，而且增加了水分，升高了温度，易发生霉变，所以在储藏过程中要尽量减少大豆的呼吸作用才是合理的。

呼吸作用可以简单地用测定大豆子粒在一定条件下（24 h）重量的变化推算，一般来说，大豆的含水量高，呼吸强度增大；反之，呼吸强度减小。大豆的含水量对其呼吸强度的影响有一个转折点，这个转折点的水分含量叫做临界水分。当大豆子粒的含水量增加到临界水分时，其呼吸强度会突然增加。大豆的强烈呼吸，不但会使其内部的酶活性增强，使酸价增高，而且还会促进各种微生物的繁殖（如霉菌、细菌、酵母菌等），致使大豆在储藏过程中霉变、色变、产生毒素。因此，在大豆储藏过程中，将大豆的含水量控制在一定范围内，控制呼吸，是防止质变的关键。但除水分条件外，大豆还受温度、湿度的影响，它们是互相关联的。

（2）储存期间影响大豆质量的因素

储存期间影响大豆质量的因素主要有水分、温度、湿度等。

1）水分。大豆中含有 3 种水分，一是束缚水，它存在于大豆的细胞内，被蛋白质、淀粉和多糖等混合物束缚着，常温下不易散失，对大豆本身的生化反应作用不大；二是自由水，呈水蒸气状态，它存在于大豆细胞内和子叶、种皮和胚芽的间隙中，具有普通水的功能性质，是大豆本身进行生理生化反应的直接介质；三是附着水，由储放胚皮的裂痕处渗透到大豆体内，同自由水结合交换，是大豆本身进行生化反应的间接介质，但作用很大，它能加速进行大豆的生理生化反应，降低大豆的耐储性能和利用价值。要通过晾晒、烘干等方法去水，控制自由水，去掉附着水，保留束缚水。大豆的安全储藏水分，一般以 12.5%～13.5%为宜，水分太低会降低营养成分和经济价值。若水分超过 13.5%，脂肪酸就会迅速增加，豆粒很快变软。因此水分高于 13.5%的大豆，应先烘干，以减少由于种子呼吸，霉菌侵蚀，自身发热而引起变质的危险，并减少种子发芽。

总之，如果大豆的水分较低，就能存放一段时间而不会出现明显的变质。大豆的安全水分见表 2—2。

表 2—2　　　　　　　　　　　　　大豆安全水分

水分（%）	市场用	种子用
10～11	4 年	1 年
10～12.5	1～3 年	6 个月
13～14	6～9 个月	发芽不良
14～15	6 个月	发芽不良

大豆在一定温度和相对湿度空气的环境中储藏，可能失去水分，也可能吸收水

分，而在一定空气状态中保持平衡时的大豆所具有的水分含量，称为该状态下的平衡含水率（EMC）。大豆的平衡含水率的高低直接影响大豆的品质和生命力，若平衡含水率过高，生命力旺盛，营养易分解，引起大豆发热、霉变、生虫等生物变化，降低储藏的稳定性，同时，大豆还会变软，或有赤变、浸油现象，逐渐丧失发芽能力，也失去作为种子和加工原料的价值；而平衡含水率过低时，会降低大豆的新鲜度，引起形态变化，皱皮，内部呈海绵状质构，不能维持最低生命活动，停止新陈代谢，丧失种子价值。所以，大豆储藏中要进一步控制储藏条件，以确保其最佳平衡含水率。

大豆是吸湿物质，当其周围的空气湿度大时，就会吸收水分，反之会失去水分。其吸水率和失水率与其暴露于空气中的方式有直接的关系。

2）温度。温度是影响大豆储藏的另一个非常重要的因素。在豆粕和整粒大豆中，真菌的生长繁殖和化学变化如氧化，都会随着温度的提高而加快。昆虫生长和繁殖的最佳温度在 27~35℃。低于 16℃时，昆虫失去活性而饿死。在 60℃以上，大多数昆虫在 10 min 内就被杀死。温度也影响霉菌的生长。大豆水分为 14%~14.13%时，在温度为 5~8℃的环境中可储藏 2 年以上而不会霉变。但在 30℃时，几个星期内就会被霉菌侵蚀，6 个月内就会被严重损害。

大豆在 25℃环境和条件下保管，由于胚芽突出，子叶丰实，吸湿能力加强，膨胀系数增大，蛋白质容易酶化变性，脂肪易发生红色斑点赤变，出油率下降，种皮灰暗，光泽减退，豆粒发轻变形，脐部泛红，造成加工效率、商品价值和发芽率降低。因此，豆堆本身温度环境温度不能超过 25℃，仓温不能超过 15℃，豆堆不能超过 12℃，超过时，要有降温防高温措施。降温入库后，应及时用废旧麻袋、草席等严密覆盖，这样既可以防止外温外湿浸入，又可以防止虫霉感染。

3）湿度。大豆储藏环境相对湿度高，引起仓房和豆堆温度高，大豆水分大。这是因为湿差造成了纵横交错对流，潮湿蒸汽因热能向外扩散的结果。大豆水分从水蒸气压力高的高温部位向低温部位转移，造成了豆堆水分的差度，如果豆堆温度相同而水分不同，它自身就会因水分互相转移而逐渐趋于平衡。

相对湿度把握不好，会使大豆在储藏中发生两种不良现象：一是结露，即空气本身湿度高，空气含湿达到饱和，相对湿度达到 100%，吸湿现象使大豆水分明显增加，造成了豆堆结露；二是结盖，即堆面层结露部位由于急剧降温，使大豆冻结了一层，水分大，豆堆温度高，饱和差小，结露温差大，结露促使结盖现象发生。解决结露问题应采取翻堆、倒垛和局部加热等方法及时处理，防止大豆结露面积扩大和霉坏；结盖部分应当采取通风和降低豆堆高度等措施，严格把握仓库内相对湿度,在各种条件均满足的条件下,环境相对湿度应在50%～55%左右为宜,仓内相对湿度不能超过45%。

4)其他。大豆中混有杂质和破损粒,吸湿性强,易感染储粮害虫。杂质和破损粒会使通风过程中气流不均匀,从而使通风不起作用,使粮堆返潮发热、生虫霉变,导致大豆种子酸败变质,甚至失去食用价值。故清除杂质、碎粒是安全储藏大豆种子的重要措施。

对粮堆实行通风是大豆储藏的一个重要方面。粮堆中未通风区域就是潜在的高温点,为害虫的生长和繁殖提供了理想的环境。储藏前先对大豆进行清理,将会减小大豆变质的危险从而减少经济损失。发热是粮食/谷物储藏中最常见的征兆。粮温高通常表明不是有微生物就是有昆虫在活动,如果不予控制,它们将导致子粒热损或烤焦,甚至出现粮堆燃烧的现象。大豆发热温度至50℃以上时,大豆中油的氧化作用成为自身持续的过程,温度可能会达到150℃以上。这种极高的温度,会造成烤焦,如果高温区域有足够的氧气,还有可能发生自燃和火灾。

霉味通常表明虫害或霉菌的侵害已到危险阶段,应立即采取措施。如果发现有霉味,应采取通风措施,以除去霉味,并使物料冷却。这批大豆应最先使用。如果出现害虫,应立即采取熏蒸措施。刺鼻的气味表明可能已出现霉变,这是油的成分发生化学变化引起的。象鼻虫和小飞蛾的大量出现,通常表明虫害已达到严重阶段。大豆储藏期间的害虫主要是印度谷蛾与粉斑螟蛾。防虫措施是将粮面扒平,紧压1层竹席或经消毒的麻袋,防止蛾类在春暖后交配产卵繁殖危害。

颜色和形状也是反映储藏状况的指标。一般情况下,完好大豆子粒饱满、色泽明亮均匀,而不是绿色。变色的和表皮皱缩干瘪的大豆子粒,通常表明质量较次,市场价值低。颜色变化总是与霉菌侵害相伴随的,与微生物呼吸和随后的发热有关系。通过从仓储大豆定期取样,可发现这种变质过程,这是保持质量的综合措施之一。

大豆在储藏过程中产生变质是水分、温度和储藏期综合作用的结果。因此,为安全储藏,将这3种因素结合起来,形成不利于霉菌生长的条件,如物料水分低、温度低和储藏期短,可达到安全储藏的目的。

(3)储藏大豆的品质管理

1)干燥储藏。长期储藏的大豆水分必须在12%以下,如超过13%就会霉变。长期储藏的大豆必须先进行干燥,将其水分控制在12%以下再进行储藏。干燥可采用两种方法:一是用日光曝晒;二是用设备烘干。日晒法简单易行,经济实用,但劳动强度大,卫生条件差,适合于小厂。可用于大豆干燥的设备很多,有滚筒式、气流式热风烘干机、流化床烘干机以及远红外烘干机等。利用设备干燥，效果好，效率高，不受气候限制，但设备投资大，成本较高。

2) 通风储藏。通风储藏是指大豆在储藏过程中，要保持良好的通风状况，使干燥的低温空气不断地穿过大豆子粒间，可以降低温度，减少水分，防止局部发热、霉变。

通风储藏往往要和干燥储藏配合使用。通风的方法有自然通风和机械通风两种。自然通风就是利用室内外自然温差和压差进行通风，它受气候影响较大。机械通风就是在仓房内设通风地沟、排风口，或者在料堆或筒仓内安装可移动式通风管或分配室，机械通风不受季节影响，效果好，但耗能大。

3) 低温储藏。低温的好处是能够有效地防止微生物和害虫的侵蚀，使种子处于休眠状态，降低呼吸作用。根据试验，温度在10℃以下，害虫及微生物基本停止繁殖；8℃以下呈昏迷状态；当达到0℃以下时，能使害虫致死。在冬季，将大豆转仓或出仓冷冻，使种子温度下降，再入仓密闭储藏。一般冬季可利用此法对仓储大豆进行自然通风降温。也可在仓房内设置隔墙、隔热材料隔热，并附设制冷设备，但此法一般费用较高。

4) 密闭储藏。密闭储藏的原理是利用密闭与外界隔绝，以减少环境温度、湿度对大豆子粒的影响，使其保持稳定的干燥和低温状态，防止虫害侵入。同时，在密闭条件下，由于缺氧，既可以抑制大豆的呼吸，又可以抑制害虫及微生物的繁殖。

密闭储藏法包括全仓密闭和单包装密闭两种。全仓密闭储藏时建筑要求高，费用多；单包装密闭储藏，可用塑料薄膜包装，此法用于小规模储藏效果好，但也要注意水分含量不宜高，否则亦会发生变质（主要是酸价升高，出油率降低）。

5) 化学储藏法。化学储藏法就是大豆储藏以前或储藏过程中，在大豆中均匀地加入某种能够钝化酶、杀死害虫的药品，从而达到安全储藏的目的。这种方法可与密闭法、干燥法等配合使用。

化学储藏法一般成本较高，而且要注意杀虫剂的防污染问题，因此，该法通常只用于特殊条件下的储藏。

2. 其他原辅材料常见质量问题及预防措施

（1）水

水是豆制品的主要成分之一，在豆制品制造过程中起重要作用。生产用水的卫生质量是影响豆制品食品卫生质量及产品风味的关键因素，生产企业必须保证与食品接触的生产用水符合国家规定的要求。GB 14881《食品企业通用卫生规范》规定，生产用水必须符合 GB 5749《生活饮用水卫生标准》的规定。这里的生产用水是指所有与食品生产有关的水，包括原料用水、加工用水以及清洗用水等。

用做饮用水的水必须经过卫生学检验，符合卫生标准。饮用水须符合的基本卫生要求包括：饮用水不得含有病原微生物，饮用水中化学物质不得危害人体健康，饮用水中放射性物质不得危害人体健康，感官性状良好，应经消毒处理等。水质应符合标准要求，外观——必须无色无臭，不含肉眼可见物质，即不含悬浮固体、水面漂浮物、沉积物、微生物和未成熟的幼体等。以上是国家对食品企业生产用水的强制性要求，除此之外，豆制品企业的用水的质量问题还有水质硬度过高或过软的问题，水的 pH 值过高或过低的问题。

水质中影响豆制品质量的主要因素如下：

1) 水的硬度。水的硬度最初是指水中钙、镁离子沉淀肥皂水化液的能力。使肥皂沉淀的原因主要是由于水中存在的钙、镁离子，此外钡、铁、锰、锶、锌等金属离子也有同样的作用。硬水需要大量肥皂才会产生泡沫。现在习惯上把水的总硬度定义为钙、镁离子浓度的总和，我国以每升水中碳酸钙的毫克数表示。《生活饮用水卫生标准》规定水硬度不超过 450 mg/L，而用于制作豆腐、豆制品水的硬度最佳为 50 mg/L，要远远低于《生活饮用水卫生标准》的要求。在全国各水司水质情况调查中发现：我国北方缺水城市多数依靠地下水源，总硬度较高，最高出厂水总硬度甚至超过 450 mg/L；我国南方气候湿润，降雨较多，经过检测南方水的硬度明显低于北方。硬度高的水口感差，有苦味，致使生产出的豆腐及豆制品不仅口感差，而且出品率低。解决生产用水水质过硬的措施主要有两种：一是将工厂建在水质好的地方；二是在工厂中安装水处理设备，将原本较硬的水进行软化处理后再用于生产。

2) 水的 pH 值。豆制品生产用水最适当的 pH 值为 7，大部分饮用水的 pH 值在 6.5~8.5。水质的 pH 值直接影响豆浆的 pH 值大小，从而影响豆腐及豆制品的质量。pH 值过低，豆浆偏酸，会造成点脑时蛋白质凝固快，蛋白质交联不包水，使成品质地粗糙；pH 值过高，豆浆偏碱，造成点脑时蛋白质凝固慢，豆脑不易成型，甚至有时会有白浆。对于 pH 值偏低，水质偏酸的生产用水，可用适量的小苏打（碳酸氢钠）来进行调节。

(2) 添加剂常见的质量问题

1) 凝固剂。凝固剂盐卤是制盐工业的副产品，常含汞、钡、铅、砷等有毒有害物质，是豆制品中重金属汞、铅、砷等的主要污染来源，使用前需经检验合格。

盐卤、石膏中除了可能带入重金属离子外，还会带入大量耐盐有害微生物。凝固剂 GDL 由于产地和存储时间的不同，所带入的杂菌总数相差很大。有的品牌的 GDL，添加后使豆浆中的细菌总数增加 1.3×10^4 cfu/mL。由此可见，凝固剂带入细菌不能忽视。此外，在某些地区也曾出现过用医院病人用过的石膏制作豆腐，必须严禁使用回收的医用石膏作凝固剂。

点脑所用的 GDL、石膏、氯化钙、盐卤、卤片等凝固剂必须符合各自的安全标准，同时必须严格控制杂质含量，否则混在豆腐中就会有牙碜感。

2) 消泡剂。豆制品生产中可使用的消泡剂有甘油脂肪酸酯、硅树脂系列、山梨糖醇、聚二甲基硅氧烷、蔗糖脂肪酸酯及油脂系列。各种消泡剂必须符合相应的食品安全标准，禁止使用油脚作消泡剂。

(3) 包装材料

1) 豆制品包装材料的质量安全问题。豆制品产品所用的包装材料主要有：塑料制品；橡胶制品——天然橡胶、合成橡胶；陶瓷、搪瓷容器；铝制品、不锈钢食具容器、铁质食品容器；玻璃食具容器；食品包装用纸等系列化产品；复合包装袋——复合薄膜、复合薄膜袋等系列化产品。这些包装材料存在的质量安全问题主要有：

①包装原材料本身不清洁，存在重金属、农药残留等污染问题，或采用了霉变的原料，使成品染上大量霉菌，甚至使用社会回收废纸作为原料，造成化学物质残留。

②包装材料表面污染问题。包装表面被微生物及微尘杂质污染，进而污染包装食品。

③包装材料中的有害重金属、未聚合的游离单体及其塑料制品的降解产物等向食品迁移的问题。

④生产过程中添加的荧光增白剂等添加物，使包装材料中含有化学污染物。

⑤油墨、印染及加工助剂问题。

⑥回收问题。使用回收再生品来制作食品包装材料。

2) 预防措施。企业作为食品安全的第一责任人，确保食品包装安全，从材料的采购到储存管理要采取一系列措施，以确保使用的包装材料的食品安全。

①将包装材料的管理纳入企业质量管理体系中，采购时索取检测报告。采购的包装材料必须符合相应的安全标准。建立质量安全追溯制度。

②选择合格的包装材料供应商，建立包装材料供应商档案，建立信息沟通机制，定期对供应商进行考察。

③对采购的包装材料实施定期抽检，确定异常处理原则。

三、拟定原辅材料企业质量控制标准

1. 企业质量控制标准的制定

对于企业来说，制定合理的原料质量控制标准是保证产品质量的基本前提，原材料质量控制标准的制定应当遵循国家标准、行业标准，结合该产品的实际生产状况来设定产品的性能指标和质量要求。原料质量控制标准的制定应当遵循有效的原则。

企业原材料质量控制标准文件尽管对编写体例等没有统一的要求，但在实际编写中，如果不注意这一问题，往往会带来一些不必要的麻烦，影响企业标准化的进程。因此，应结合企业实际，并尽量与现行《标准化工作导则 第1部分：标准的结构和编写》（GB/T 1.1—2009）保持一致，并以文件的形式表述出来。

(1) 原材料质量控制标准文件编写的基本要求

1) 文件内容的可操作性。编写原材料质量控制标准的目的是通过明确的条文规范操作人员的采购及使用活动，这些规定都应保证在具体的工作中能够完全做到，并便于检查。

2) 文件编写的广泛性。文件在编写中应广泛征求各有关方面的意见，其起草、讨论都要有广泛性，只有这样，才能真正把文件编好，也才能在具体活动中把文件执行好。

3) 文件编写人员的确定要注意优势互补。要由有文字功底的人和有一定工作经验的人共同完成，以避免文通理不通或理通文不通的情况出现。

4) 文件的表达应简洁、准确。要尽量避免使用容易引起歧义的词语，有本企业/行业公认术语的，应尽量使用这些术语，在必要的情况下，可以规定并描述文件中将要用到的术语。

5) 对任何一项活动，只能规定唯一的程序。

6) 在文件编写中，要注意处理好各种有交接穿插的地方，以避免职责不清。

7) 新编写的文件，应与已有的有关标准、规范相互协调。

8) 在编写一个新的文件时，应参照以往已经发布的文件，来规范格式、用语、排版和字体。

9) 对下列各种文件应特别重视，并广泛征求意见，逐字逐句地反复修改：阅读范围广的，使用周期长的，内容特别关键、牵涉敏感内容的。

(2) 标准文件的文风

1) 准确。用词应准确，并保持一贯性。应仔细斟酌词语表达的程度、性质等

方面的细微差别,选择最能准确表达文件所要表达的真实意思的词汇。

2) 简洁。反复推敲每个字、每句话,做到措辞简洁,无套话、空话;用字精简,无可有可无的字。

3) 统一。文件的结构、文体、术语应统一。例如,文件内使用的小标题应保持一致,即所有的条都应加或不加小标题;始终使用统一术语表达某一特定概念,避免对一个已经定义的概念使用同义词等。

(3) 标准文件的构成

标准文件通常分为以下几部分：1) 目的；2) 范围；3) 引用标准；4) 术语及定义；5) 技术要求；6) 检验规则；7) 储存和领用(可适时列入)；8) 计量方法(可适时列入)；9) 附录(适用时可列入)。

(4) 标准文件的层次

标准文件按层次划分,一般以章、条、段、列项划分层次。

1) 章。章是标准文件的基本单元。有小标题,一般在字体上也区别于正文,单独成行,占2行,上下居中。通常从1开始编号,有引言的,引言章的编号从0开始。

2) 条。条是对章的细分。凡是章以下有编号的层次均称为"条"。条的设置是多层次的,可分为第一层次、第二层次、第三层次等。如第6章内的条的编号：第一层次的条的编号为6.1, 6.2……第二层次的条的编号为6.1.1, 6.1.2……

条的标题是可以选择的,可根据标准文件的具体情况决定是否设置标题。

3) 段。段是对章或条的细分,段没有编号,也不设小标题。

4) 列项。列项是段的子层次,可以在标准的章或条中的任意段里出现。列项不设小标题,以避免文件层次的过度细分。应尽量少用项编号,同一层次内关系密切的内容可用分句进行编排,也可用"——"分行排列。

章、条、段用阿拉伯数字多级编号,一般以四级为限,如有更具体的需要而设项的,则以小写英文字母对项进行编号,以示区别。

(5) 标准文件的标题

1) 标准文件的标题应简明、确切地反映主题,并能明确地与类似的文件相区别。

2) 标题的措辞应特别精炼,不涉及次要的细节,尽可能省掉每一个不必要的字。越常用、越重要的文件标题的字数应越少。

3) 尽量使用小标题,以帮助文件的使用者能更快地找到所需的内容。文件的标题/小标题应帮助使用者迅速了解文件的主要内容。

（6）标准文件的用语

1）术语

①使用术语（含缩略语），可精简文字。

②应使用通用的、规范的、现行的术语和规范的、预期文件使用者应熟知的且不致引起混乱的缩略语。

③在一个文件中第一次使用缩略语时，应给出完整的词，如 QS（企业食品生产许可）。

2）数字和计量单位

①数字的用法执行《出版物上数字用法的规定》（GB/T 15835—1995），凡是可以使用阿拉伯数字而且又很得体的地方，一律使用阿拉伯数字，序数词和约定俗成的，或者为避免歧解的，可以根据具体情形进行处理，但在一个文件体系内应执行相同的原则。

②计量单位一律使用国家颁布的法定计量单位，但行业内约定俗成的除外。

（7）范围和程度的表述

1）范围的表述要精炼而准确。示例：

正确的表述：①63%～68%，②21～23 kg，③1998年6月5—6日。

错误的表述：①63～68%，②21 kg～23 kg，③1998年6月5日—6月6日。

2）程度的表述应采用如下形式：——较好、好、很好、特别好；——较差、差、很差、特别差。

（8）排版格式

1）字体

①标准名称常用3号黑体，章的小标题可使用与正文同号的黑体。

②正文通常采用5号书宋。

③注的字号比正文字号小一级，文中注用6号书宋或6号楷体，文后注用6号楷体。示例：

——文中注，如"注1："。注文紧接在"："后排。

——文后注，如"注："。注文另起一行排。

注只有一个，可不加序号，多于一个，应加序号。

2）页面设置通常为A4纸。

（9）表格

1）编号

①用从1开始的阿拉伯数字编号，正文中的插表采用表1、表2等；文后的附

表采用附表1、附表2等。

②也可不用编号，直接把表放入文中适当位置，并在文中以"×××见下表"的形式引出。

2）表题

①在表的上面居中编排。

②紧跟在表的编号后面编排。

3）表的接排

①如果表的长度超过一页，应在每页重复表的编号，并在编号后注明，"续"或"完"。示例：

——"表1（续）"，放在未完的各页中；

——"表1（完）"，放在表的末页。

②文中的插表如接排在文中该条款后不足以排完，而表的长度又不超过一页时，可将该表移排在下页，并在原条款后以"×××见××页表"。

4）表的使用说明

在申请类、执行类的表格中，有关于该表的填写、执行的指导性说明。说明可以是一个完整的文件，或是从相应的文件中摘录下来的，也可以是单独的说明。对于用文件/文件摘录作表格说明的，首行应写明文件名、文件编号和部门；对于单独的说明，首行通常用"注""说明"或"附"开头。

（10）引用

在编写文件中，往往可能会引用其他文件或其中的某些条文，可采用如下形式：

1）引用文件的全部：本文第3部分文件的构成中列有"引用标准"，指的就是这种情形，应写明文件名、文件编号、文件版本。

2）引用文件的适用部分：无须重复写出引用文件的适用内容，这样既可节省篇幅，又可避免失误或不一致所带来的一系列后果。

2. 原辅材料企业质量控制标准内容

（1）大豆

豆制品企业对于原料大豆，企业质量控制标准除了要符合GB 1352—2009《大豆》外，还要包括以下几个方面的内容：蛋白质、糖分、粒度及其他特殊要求。

1）蛋白质。由于大豆食品加工企业利用的是大豆中的蛋白质，所以一般来说豆制品生产用大豆的基本条件首先是高的蛋白质，尤其是豆腐、豆腐干及豆浆产品，蛋白质含量要求越高越好。

2) 糖分。糖分是决定黄豆酱、纳豆及煮大豆等鲜味的必不可少的指标,所以对于黄豆酱、纳豆及煮大豆的原料,大豆中糖分含量要高。

3) 粒度。不同的产品要求的粒度有所不同,豆腐、豆浆、豆腐干及黄豆酱等产品要求中粒以上,煮豆要求大粒,纳豆要求小粒。

(2) 水

豆制品企业对水的质量控制标准除了要符合《生活饮用水卫生标准》外,为了使生产的豆制品产品口感更好、出品率更高,对于生产用水质量控制指标还需包括以下几个方面的要求:

1) 感官指标。感官指标主要是口感。由于大部分豆制品中的水分含量很高,所以水质的口感好坏对于豆制品产品口感的影响很大,生产用水口感要柔中带甜,如果喝起来又硬又带有苦涩的味道,则要进行处理。

2) 硬度方面。在《生活饮用水卫生标准》中规定水质总硬度(以 $CaCO_3$ 计)≤450 mg/L,但是对于要求生产高品质产品的豆制品工厂来说,这样的硬度太高,较理想的硬度应该≤200 mg/L,最佳值为 80～120 mg/L。

(3) 凝固剂

常用凝固剂为石膏、硫酸钙、盐卤、氯化镁、葡萄糖酸内酯等几种。企业质量控制标准主要是:企业对凝固剂的使用品种和使用量应符合《食品添加剂使用标准》(GB 2760) 的规定,所使用的凝固剂产品要符合相应的食品安全标准的要求。

(4) 消泡剂

常用消泡剂有甘油脂肪酸酯、硅树脂系列、山梨糖醇、聚二甲基硅氧烷及油脂系列等,企业对使用消泡剂的使用品种和使用量应符合 GB 2760 的规定,所使用凝固剂产品要符合相应的食品安全标准的要求。

(5) 包装材料

对于包装材料,企业的质量控制标准主要是选择适合自己产品的包材,选择有合格资质的供应商,所有包装均需严格按照国家食品安全标准执行。

3. 实例:企业质量控制标准《大豆》

大豆采购与验收标准

1. 目的

本标准规定了大豆的定义、分类、供货要求、采购人员、标志、包装、运输和储存、抽样规则、检验方法、计价方法、检验规则的要求。

2. 范围

本标准适用于本企业收购的豆制品用商品大豆。

3. 引用标准

下列文件中的条款通过本标准的引用而成为本标准的条款。凡是注日期的引用文件，其随后所有的修改单（不包括勘误的内容）或修订版均不适用于本标准，然而，鼓励根据本标准达成协议的各方研究是否可使用这些文件的最新版本。凡是不注日期的引用文件，其最新版本适用于本标准。

GB 1352　大豆

GB 2715　粮食卫生标准

GB/T 5490　粮食、油料及植物油脂检验　一般规则

GB/T 5491　粮食、油料检验　扦样、分样法

GB/T 5492　粮油检验　粮食、油料的色泽、气味、口味鉴定

GB/T 5493　粮油检验　类型及互混检验

GB/T 5494　粮油检验　粮食、油料的杂质、不完善粒检验

GB/T 5497　粮食、油料检验　水分测定法

GB/T 5511　谷物和豆类　氮含量测定和粗蛋白质含量计算　凯氏法

GB/T 5512　粮油检验　粮食中粗脂肪含量测定

4. 定义

本标准采用下列定义：

4.1 高蛋白大豆

高蛋白大豆的定义参照 GB 1352 执行。

4.2 高油大豆

高油大豆的定义参照 GB 1352 执行。

4.3 专用品种大豆

是指专门为某种食品培育的大豆。

4.4 转基因大豆（生物技术大豆）

是指利用转基因生物技术将分离克隆的单个或一组基因转移到大豆种子，并以这种大豆种子生产的大豆叫转基因大豆或者生物技术大豆。

5. 产品分类

大豆的分类参照 GB 1352 执行。

6. 技术要求

6.1 供货要求

6.1.1 原料大豆必须是非转基因的大豆。

6.1.2 原料大豆须随货附相关的检验报告。

6.1.3 感官指标

原料大豆的感官指标按照 GB 1352 执行。

6.1.4 理化要求

理化指标应符合表 1 的规定。

表 1　　　　　　　　　　理化要求

项目	指标		检验方法
	豆腐及豆干用	豆浆用	
蛋白质≥	44%	42%	按照 GB/T 5511 方法检验
蛋白质质量 11S：7S 比率≥	1.6	—	
粒度≥g/100	22	22	
吸水性≥	2.2	2.3	
色泽、气味	种脐为黄色	正常	按照 GB/T 5492 方法检验
水分含量	按照 GB 1352 执行		按照 GB/T 5497 方法检验
完整粒率	按照 GB 1352 执行		按照 GB 1352 附录 A 方法检验
损伤粒率	按照 GB 1352 执行		按照 GB 1352 附录 A 方法检验
杂质含量	按照 GB 1352 执行		按照 GB/T 5494 方法检验

6.1.5 卫生指标

按 GB 2715、GB 19641 及国家有关规定执行。

6.2 采购人员

具备常规鉴别大豆质量及食品安全的知识。

6.3 标志、包装、运输和储存

6.3.1 标志

6.3.1.1 内包装标志应符合 GB 7718 的规定，外包装标志应符合 GB/T 6388 的规定。

6.3.1.2 非转基因大豆，应在包装箱上注明。

6.3.2 包装

6.3.2.1 包装袋包装应符合 GB/T 6543 的规定；包装袋应完整、牢固，封口线应完好。

6.3.2.2 可以采用大包装或小包装。

6.3.3 运输

6.3.3.1 应使用符合卫生要求标准的车（船）。

6.3.3.2 市内运输可使用封闭、防尘车辆。

6.3.3.3 运输工具应防止污染，不得与有毒、有害物品同时装运。

6.3.4 储存

应贮存在干燥、通风的地方，防止湿热。

7. 检验方法

7.1 扦样、分样：按 GB 5491 的要求执行。

7.2 完整粒率：按照 GB 1352 附录 A 方法执行。

7.3 损伤粒率：按照 GB 1352 附录 A 方法执行。

7.4 杂质含量：按照 GB/T 5494 方法执行。

7.5 水分含量：按照 GB/T 5497 方法执行。

7.6 蛋白质含量：按照 GB/T 5511 方法执行。

8. 检验规则

8.1 检验的一般规则按 GB/T 5490 执行。

8.2 检验批为同种类、同产地、同收获年度、同运输单元、同储存单元的大豆。

9. 标签标识

除应符合 GB 7718 的规定外，还应符合以下条款：

9.1 凡标识"大豆"的产品均应符合本标准。

9.2 应在包装物上或随行文件中注明产品的名称、类别、等级、收获年度和月份。

9.3 转基因大豆应按国家有关规定标识。

第 2 节 豆制品生产线上的品质控制

学习目标

➤ 能分析生产线上产品感官质量问题并提出解决办法

➤ 能分析生产线上产品理化质量问题并提出解决办法

➤ 能分析生产线上产品卫生质量问题并提出解决办法

➤ 能拟定半成品企业质量控制指标

学习单元1 豆制品生产线上常见的质量问题

一、豆浆生产线上产品常见的质量问题

豆浆的生产过程包括脱皮、浸泡、酶钝化、磨浆、浆渣分离、脱臭、调制、均质、杀菌、包装。豆浆生产线上产品常见的质量问题主要有以下几个方面：

1. 脱皮工序中大豆脱皮率低

目前，大豆脱皮分为冷脱皮和热脱皮两种。大豆冷脱皮工艺即对精选后的大豆，先在干燥塔中烘干，使大豆水分降至10%左右，然后在储仓中停留24~72 h，使大豆冷却至环境温度再进行脱皮。大豆热脱皮工艺即对初清后的大豆进行加热干燥，使大豆含水分降至10%左右，然后直接对热大豆进行破碎脱皮。脱皮工序中常见的质量问题是大豆脱皮率低，生产实践证明，大豆含水量超过10%以上时就会造成大豆脱皮率降低。

2. 大豆浸泡过程中浸泡罐中料液发泡、发酸

浸泡工段中浸泡罐内的料液发泡、发酸问题主要是浸泡罐中的微生物大量繁殖。大豆浸泡的环境温度过高、浸泡时间过长、pH值过低等因素会导致浸泡罐中料液发生轻度酸败而发酸、发泡。

3. 酶未失活

酶钝化失活时需要控制温度、pH值。如果加热温度及时间不够，大豆中有毒因素不能被破坏而失活，导致其被带入最终产品中。

4. 磨糊颗粒过大或过小

磨糊颗粒大小应在10~12 μm、细度在100~200目。造成磨糊颗粒过大的原因主要是：磨盘间隙过大、淋水流量增大导致物料在磨盘里停留的时间缩短，研磨程度不够，导致磨糊颗粒变大。相反，磨盘间隙小、淋水流量变小会出现物料在磨盘里停留的时间增加，过度研磨造成磨糊颗粒变小。

5. 豆渣中含水率过高

造成豆渣中含水率升高的主要原因有两方面：一是磨糊颗粒过细；二是离心分离机内的滤网堵塞。

6. 调制豆浆褐变

加糖调制的豆浆，如果加糖方法不当时，在加热时豆浆会发生褐变反应；如果杀菌温度、时间掌握不当，温度过高或时间过长也会发生豆浆褐变。

二、豆腐生产线上产品常见的质量问题

豆腐包括盐卤北豆腐、石膏南豆腐及充填豆腐，这里主要分析前两种豆腐生产线上产品的质量问题。

1. 盐卤北豆腐

盐卤北豆腐的生产包括前段浸泡、研磨、分离、煮浆，后段点脑、蹲脑、破脑、加压泄水、切块包装。前段生产线上产品常见的质量问题与前面生产豆浆的过程一致。后段生产线上产品的质量问题主要是盐卤点脑时豆腐脑花过碎不成形、黄浆水浑浊。

（1）豆腐脑凝胶结构网眼小，脑花碎，交织不牢固

盐卤的主要成分就是氯化镁，氯化镁在水中有很高的溶解度，所以用盐卤点脑时，反应速度很快，稍控制不好，点脑时就会使豆腐脑的脑花碎，交织不牢固。从生产实践分析，造成上述问题的因素主要有：

1）点脑时温度过高。点脑时豆浆的温度一般要求在80℃左右，煮浆后的浆液需要冷却到75℃左右后再进行点脑操作。冷却时间不够，点脑时温度过高，到85℃或以上，蛋白质的凝固速度快，蛋白质交联易收缩，造成凝胶网眼小，脑花碎。

2）豆浆浓度低。制作盐卤北豆腐时，豆浆固形物浓度要调整到8.0%左右。豆浆浓度低，蛋白质含量少，在放盐卤时，大量凝固剂与少量蛋白质接触，导致蛋白质过度脱水而使豆花小而碎。

3）豆浆的pH值偏高或偏低。点脑时豆浆的pH值要控制在7左右，即为中性。pH值偏高大于7.5，浆液偏碱性，蛋白质凝固速度缓慢，蛋白质交联不牢固，保不住水，有时豆腐脑不能完全凝固，还会出现白浆。

pH值偏低小于6.5，加入凝固剂后，蛋白质凝固速度快，豆腐脑组织收缩多，脑花碎。造成浆液pH值变小的原因是多方面的，一是检查生产用水的pH值是否突然变小；二是大豆浸泡过程中时间过长或温度过高导致浸料中微生物繁殖而产酸，致使浆液的pH值变小。

4）搅拌过于剧烈，搅拌时间长。用盐卤作为凝固剂生产北豆腐时，由于凝固反应速度快，所以要求点脑时搅拌速度快，搅拌时间长短要依情况掌握，但是如果

搅拌过于激烈，搅拌时间过长，超过凝固要求，那么，形成的豆腐脑组织即被破坏。

(2) 脑花大，黄浆水浑浊

在北豆腐点脑生产过程中，有时会出现这样的情况：就是在与平时一样的生产条件下，有时出现脑花大，黄浆水浑浊的现象。出现这种现象的主要原因是蛋白质凝固不完全。造成豆浆液蛋白质没有完全凝固的原因主要有以下几个方面：

1) 凝固剂加入速度过快，分散不均匀，没有充分与浆液混合。

2) 浆液的 pH 值偏高。pH 值高于 7.5，浆液偏碱性，蛋白质凝固速度缓慢，蛋白质交联不牢固，保不住水，有时豆腐脑不能完全凝固，还会出现白浆。

(3) 压榨成型后的豆腐上硬下软

盐卤北豆腐的压榨成型是将豆腐脑均匀放入各个成型箱后叠在一起，上面再加上加压板，用自压和加压的方式进行，经过 20 min 左右再翻箱、翻板，再压 10 min，豆腐成型作业完成。如果只翻箱不翻板，就会出现上面硬下面软的豆腐。

(4) 成型后中间嫩两面硬

盐卤豆腐成型应该缓缓加压，并保持一定时间（20 min 左右），如果加压过急，成型时间短则会出现中间嫩，两边硬的现象。

2. 石膏南豆腐

用石膏做凝固剂生产豆腐，由于石膏的溶解度小，所以凝固速度会比盐卤豆腐慢。在实际生产过程中石膏南豆腐工艺控制要比盐卤豆腐简单，但是如果工艺控制不当，生产线上也会出现豆腐脑蛋白质凝胶结构不牢固，脑花过碎；豆腐脑中有浑浊黄浆水渗出等问题。

(1) 豆腐脑蛋白质凝胶结构不牢固，脑花过碎

用石膏作为凝固剂生产南豆腐过程中，造成豆腐脑蛋白质凝胶结构不牢固。脑花过碎的因素主要有：

1) 点脑时温度过高。用石膏作为凝固剂点脑时，豆浆的温度一般要求 75℃ 左右。温度过高，超过 80℃ 凝聚速度加快，凝固剂的量也随之而减少，其凝胶组织很快收缩，豆腐脑蛋白质凝胶结构不牢固，脑花过碎。

2) 豆浆浓度低。制作石膏南豆腐时豆浆固形物浓度要调整到 9.0% 左右，豆浆浓度低，蛋白质含量少，形成的蛋白质凝胶交联小，保不住水，脑花小而碎。

3) 豆浆的 pH 值偏低。pH 值低于 6.5 时，加凝固剂后蛋白质凝固过快，豆腐脑组织收缩多，脑花碎。

4) 搅拌方法不当。南豆腐点脑一般使用冲浆方式进行，冲浆后应进行适当搅

拌，搅拌太快，搅拌时间长，凝固速度快，脑花组织被破坏、变碎。

（2）豆腐脑大而无弹性，且有白浆水渗出

用石膏作为凝固剂生产南豆腐的过程中，造成豆腐脑大而无弹性，且有白浆水渗出的主要原因有：

1）点脑时温度过低。用石膏做凝固剂生产南豆腐过程中，点脑温度低于65℃时，蛋白质凝胶速度慢，再加上石膏的溶解度很低，还没有与蛋白质充分接触反应即已下沉，从而造成部分产品脑花大而无弹性且有不完全凝固的白浆渗出现象。

2）豆浆浓度过高。制作石膏南豆腐的豆浆固形物浓度过高（超过11.0%），加入凝固剂时，凝固剂与豆浆一接触，就会迅速形成大块脑花，造成凝胶不均匀和白浆现象。

3）搅拌。南豆腐进行冲浆点脑后应进行适当的搅拌，如果不搅拌或搅拌不够，石膏很快下沉，造成上面产品凝固不完全，出现白浆。

4）浆液的pH值偏高。pH值大于7.5，浆液偏碱性，蛋白质凝固速度缓慢，蛋白质交联不牢固，保不住水，有时豆腐脑不能完全凝固，还会出现白浆。

三、豆腐片/千张生产线上产品常见的质量问题

1. 脑花浑浊

如在同一缸豆腐脑中出现了老嫩不一的情况，还混有未凝固的豆浆，脑花浑浊，主要原因是点脑的翻浆动作不准，出现了转缸。点脑时应不断将豆浆翻动均匀，在即将成脑时，要减量、减速加入卤水，当浆全部形成凝胶状后，方可停止加卤水。

2. 豆腐片和包布粘连不容易脱布

包布不及时清洗、消毒、晾晒，或者包布煮制消毒时间不够，包布的卫生状况没有控制好，压榨时豆腐片和包布就会相粘连。

3. 韧性差

豆腐片韧性差的主要原因有以下几个方面：

（1）水质问题。前面已经讲过，豆制品生产所用的水质是决定豆制品品质的关键因素之一。韧性好的豆腐片，需要使用硬度大约在80~120 mg/L的微软水。水质太硬或太软都会影响豆腐片的韧性。

（2）原料的问题。实践证明，东北大豆与其他地区的大豆相比，生产的干豆腐的口感、韧性好，原因可能是与大豆生产的气候和光照有关系。

（3）前段工序过程中的卫生控制不好。生产过程中卫生条件差，生产管道、设

备等清洗不彻底,使用的包布和压榨设备没有及时清洗、消毒、晾晒。

(4) 制浆过滤不完全,豆浆中的豆渣含量高。

4. 厚薄不均

破脑的脑花不均匀,导致泼片不均匀,致使压制后的豆腐片出现有的地方厚,有的地方薄的现象。

四、卤制豆腐干生产线上产品常见的质量问题

1. 块形尺寸不一致

主要是划块不均造成的。

2. 摊晾时豆腐干表面发黏

摊晾时需要定时翻动,并且控制好摊晾的时间,有条件的企业同时还需要控制好周围环境的温度。摊晾时豆腐干表面发黏,表明豆腐干在摊晾过程中产生了大量的微生物而引起了产品的变质。发生这种情况的原因主要有:制坯过程中的卫生控制不严,摊晾时间太长没有及时翻动,周围空气温度较高。

3. 氽碱煮制时,坯子表面起泡破裂

氽碱煮制时,温度要求控制在将要沸腾但还没有沸腾的状态,如果出现剧烈沸腾的话,会使坯子内部的水分汽化,汽化的水蒸气会使坯子表面隆起,起泡并破裂。

4. 卤制后坯子色泽不均匀

氽碱不均匀。氽碱时坯料出现重叠,导致氽碱不均匀,从而使卤制时坯子着色不均匀。

五、油炸豆腐泡生产线上产品常见的质量问题

1. 色泽不均匀

(1) 原料问题

选择颗粒饱满,蛋白质含量高的黄色种皮类大豆原料为好,其他种皮的大豆含有可溶性色素,会影响成品的外观色泽,选用新鲜大豆加工尤佳。

(2) 生产用油问题

生产用油要定时更换,否则长时间加热和连续使用的油颜色会变深,致使油炸产品的色泽越来越深。

(3) 油炸温度和时间

应对炸制过程的油炸温度和时间进行控制,否则也会使油炸成品的色泽深浅

不均。

2. 内部网状结构差、不发泡

(1) 原料问题

大豆存放时间长或保管中曾遭受虫蛀霉变都会使蛋白质变性，非水溶性蛋白质增加。制成油豆腐坯子后，因其网状结构差，呈团粒状，没有撑拉延伸的能力，影响油炸过程的膨胀。

(2) 煮浆温度、时间不够，蛋白质变性不充分

生产任何豆制品的浆一定要煮沸，豆浆没煮沸，大豆蛋白质热变性程度不充分，部分未变性的蛋白质在制坯脱水成型过程中随黄浆水流失。而且由于蛋白质热变性不充分，大豆蛋白质的分子内卷曲的部分肽链没能充分展开成线型状态，影响豆腐坯子胶体网状结构中蛋白质粒子骨架的牢度、保水性下降，制成的坯子韧性差、缺乏弹性、发脆。油炸中无撑拉延伸能力，坯子不膨大，造成成品实心，外观坚硬。蛋白质热变性彻底，则凝固物完全凝胶，网状结构细腻、结合力强，富有弹性，制成的坯子才能有撑拉延伸的能力。

(3) 点脑前没有加入冷水进行适当降温

一般认为点脑凝固要取其较高的豆浆温度，这样凝固剂用量少，豆腐的热结合强。而油豆腐则十分强调加入适当凉水进行降温，至70℃左右再点脑为好。否则，原豆浆溶胶的胶体状态没有被适当破坏，而导致油豆腐泡内部网状结构差。

(4) 没有添加小苏打

在油豆腐坯子加工中，预先加入"小苏打"或食用碱，目的是在油炸过程中，坯子内"小苏打"分解产生二氧化碳气体，在气体的作用下帮助坯体撑大膨胀。

(5) 表皮太厚，坯子内有残渣

油豆腐坯子要求网状结构匀称，蛋白质分子间联结的完好，在油炸膨胀时蛋白质分子的链能均匀撑伸。还应做到坯体表面光滑，坯子压制成型中不能使表面形成的"皮"太厚，并谨防细渣的带入。因细渣能隔断蛋白质分子间的联结，如坯子表面有坑洼，形成的膜不均匀，而容易破裂，会造成内部蒸汽逸出和外部油渗入坯内，阻碍坯体撑大。表面皮膜太厚，而断切面比较嫩，这样会造成油炸时表面和断面撑伸不均匀而使成品形状不规正。

(6) 坯子没有充分冷却

为了达到蛋白质分子联结的稳定，坯子制成后要有充分的时间冷却。如用热坯子油炸，坯子表面迅速脱水汽化，内部受热加快，凝胶网状结构收缩成皮加快。坯体短时间紧缩，膨胀力减弱，到定型时皮膜已近老化失去延伸能力。如果热坯子的

含水量较好，热坯子网状结构虽有延伸能力，但因内外温度均等，炸出的成品只略有起泡。壳厚，坯内呈大空洞状，冷却后不能定型而缩瘪。另外，热坯子含水量差，无弹性呈粗硬，炸出的成品仍是坯子原状，内部实心，严重的还会越炸越小。而冷坯子进入油锅，可降低油温，使坯子首先外部受热脱水，有利于凝胶网状结构收拢，形成有韧性的软膜。由于热传导作用，使内部温度慢慢上升。促使坯内的水分受热，产生蒸汽，助坯体增大，内部凝胶体形成大量的蜂窝状态。水分不断汽化产生的膨胀力，助坯子进一步撑大，并且表面膜结皮呈硬，到定型油温时，高温下坯体撑大，胀力增加，内部凝胶脱水，皮膜紧缩，蜂窝状巩固，由于内部全部由水汽充实，膨胀的作用下降。当皮膜撑大达到极限时，延伸力消失，坯子定型成壳。

（7）初炸时体积缩小

初炸温度要求控制在130℃左右，如初炸时油温过低，形成表面膜的速度变慢，使水分汽化逃逸的量增大，内部蒸汽减少，膨胀力小，不利于坯体的膨大。油温过高，表面膜加快硬变，延伸受阻，水分汽化的膨胀力相对降低，会使坯体越炸越小。

3. 豆腐泡内部吸油

油炸第二阶段定型油温要求控制在180℃左右，定型油温低，初膨后的坯子表面膜软，不能迅速呈硬膜。当内部温度升高，坯内水分剧烈汽化，促使坯内胀力猛增，冲裂皮膜，结果外壳老化，油渗入内部，造成成品破碎，增大油耗。

4. 豆腐泡色泽太深，有苦味

（1）定型油温太高

油炸第二阶段定型油温要求控制在180℃左右，定型油温高，成品色泽焦老，含有苦味，严重时炸油在高温下将会引起不良的化学反应，造成油脂变质。

（2）油炸用油没有及时更换

油炸过程中坯子上的微细颗粒及残渣碎渣会进入油中，时间长容易焦化，致使豆腐泡色泽变深。

六、腐乳生产线上产品常见的质量问题

在腐乳的生产过程中，若操作技术不当，就会造成各种的质量问题。例如，在制坯工序中常会出现原料中的蛋白质利用率不高，豆腐坯发硬、粗糙、松散等现象。在前期培菌中常会出现毛霉呈灰色，毛坯产生"红色斑点""黄衣"、毛坯发黏等现象。后期发酵中常会出现咸坯过硬，咸淡不匀，有异（臭）味。腐乳成熟后常会出现白腐乳褐变、生白（发霉）及"白点"，青方腐乳卤汤产生结晶状物质等，

这些质量问题的产生原因大致如下：

1. 制坯工序中的质量问题

（1）豆腐坯无光泽

大豆浸泡之前必须将大豆中的各种异物全部除掉，特别是灰泥及发霉变黑的大豆必须去除，否则既会影响白坯的卫生质量，又会导致白坯色泽差、无光泽。

（2）豆腐坯过硬与粗糙

从生产实践来看，造成豆腐坯硬、粗的主要因素是：

1) 豆浆纯洁度低。浆渣分离过程中使用的筛网规格不妥，使豆浆中含有较多的豆渣。这些豆渣随蛋白质凝固于豆腐白坯中，使白坯中豆渣纤维太多，形成了较大的拉力，减弱了蛋白质的弹性，从而使白坯发硬。

2) 豆浆浓度低。由于操作不当，使豆浆的出品率低，造成豆浆浓度低，蛋白质含量少，在下盐卤时，大量凝固剂与少量蛋白质接触，导致蛋白质过度脱水，形成鱼籽状，俗称"点煞浆"，从而造成白坯发硬与粗糙。

3) 煮浆与点脑温度控制不当。据国外资料报道，豆腐坯硬度与豆浆加温和冷却的温度、时间有一定关系，若在加温前将氮气吹进豆浆中，能阻止"－SH－"键的氧化，从而增加了白坯的硬度。

点脑温度要控制适当，若点脑温度过高，产生热运动，则会加快凝固，使蛋白质固相包不住液相的水分，从而制成的白坯粗糙结实。

4) 盐卤浓度大。腐乳坯过硬与盐卤浓度有直接关系。因为盐卤浓度大，促使蛋白质凝固加快，导致白坯结构粗糙，质地坚硬，保水性差。

5) 上榨速度慢。由于上榨速度太慢，豆脑温度降低，达不到豆腐热结合的温度要求，从而使白坯质地松散发硬。

2. 培菌工序中的质量问题

在培菌过程中最容易发生的问题是杂菌污染。常见杂菌有嗜温性芽孢杆菌及黏质沙雷氏菌。

（1）"黄衣"

"黄衣"也称"黄身"。豆腐坯接种入房后，经 4~6 h 培养，坯身表面就会慢慢出现黄汗，发亮，且有一股刺鼻味，6 h 后杂菌已占绝对生长优势。由于杂菌大量繁殖，抑制了毛霉的生长发育，故使坯身发黏。发生这种现象主要是豆腐坯被嗜温性芽孢杆菌所污染，一般由下列因素造成：

刚生产出来的豆腐坯含有相当高的蛋白质和水分，豆腐坯入房后，由于热气、水分都不能充分挥发，品温又高，在这样的条件下，嗜温性芽孢杆菌具有极强的分解蛋白质能力，所以它就能很快地附在豆腐坯表面生长繁殖，生成各种氨基酸，其中有些β—氨基酸遇热时易失去一分子氨，形成不饱和烯酸。如：

$$\underset{\beta}{CH_2}-\underset{\alpha}{CH_2}COOH \xrightarrow{热} CH_2=CHCOOH+NH_3\uparrow$$
$$\,\,\,\,|$$
$$NH_2$$

随着时间的延长，pH 值不断升高，可达 9~10 以上，室内也充满了游离氨味。而毛霉适宜的 pH 值是 4.7，由于 pH 值的升高，毛霉生长繁殖受到抑制。

为了防止豆腐坯在培养时产生"黄衣"，应注意以下几点：

1) 发酵房要有专人管理，做好调温、排湿、卫生工作，为毛霉生长繁殖创造一个有利条件。

2) 豆腐坯不能过热进入发酵房，待降温至 30℃ 左右再入发酵房，以使其热量和水分充分挥发，有利于毛霉培养。

3) 毛霉菌种要新鲜、健壮、有力，繁殖力强，生长力快，孢子悬浮液恰当，在腐乳坯上尽快生长，以抵制杂菌污染。

4) 豆腐坯的表面六面要接种均匀，以防止杂菌侵入。

(2) 红色斑点

腐乳在毛霉培养过程中，培养 24 h 左右有时会出现红色的污染物，使豆腐坯发黏，其品温略高于常品，有异味。这主要是被沙雷铁菌属的细菌所污染而致。在豆腐坯表面所见到的红色，就是沙雷铁菌属的细菌所分泌的灵菌素色素，是一种非水溶性色素。

一旦在生产中发现污染这种细菌，就要立即停止使用受污染的用具，及时进行彻底消毒，防止蔓延，特别要注意平时生产工场的卫生，室内、生产用具等要经常清洗消毒。在消毒时，也不能长期使用一种消毒方法/剂（如硫黄熏蒸），一直使用一种消毒方法/剂，会使杂菌产生耐药性，造成消毒效果差。硫磺本身对真菌杀死能力强，而对细菌杀死能力弱。沙雷铁菌是细菌，广泛存在于环境的水、空气及食物中，在较高的湿度情况下，容易繁殖污染。故在灭菌中应避免长期单纯使用一种消毒剂，应交替使用硫磺和甲醛，这样消毒效果好。

甲醛的浓度为 35%~40%，一般用量为 15 mL/m³，密闭 20~24 h 以上。

硫黄的用量为 25 g/m³（室内要有一定湿度，使其产生亚硫酸才能达到消毒效果），密闭 20~24 h 以上。

(3) 毛坯产生气泡

在正常生产情况下，菌膜应紧密粘附在豆腐坯表面上。但有时发现菌膜与豆腐坯之间产生气泡，严重时甚至脱壳，其数量虽然不多，但对质量影响却很大。根据实践观察和分析，认为是由下列因素造成的：

1）菌种不纯。纯粹的菌种，菌丝应呈白色，瓶边能见到淡灰色孢子，生长茂密无倒毛，启棉塞闻之有清香气。不纯的菌种菌丝发黄或有倒毛，启棉塞闻之有氨臭气，或目视能检出杂菌。使用不纯的菌种，在前发酵期内容易产生气泡。

2）豆腐坯含水分过多。豆脑凝聚后在成型过程中品温太低，压块时水分难以挤出，划块后水分在 75% 以上；豆腐坯在接种前表面水分未吹干，热气又未散发，接种时表面喷洒溶液又过多，造成豆腐坯和表面水分均过大。含水分过多时，容易生长杂菌而产生气泡。

3）含渣过多。为了增加豆腐产量，原料在粉碎过程中粉碎很细，特别是豆饼原料用小钢磨粉碎太细，纤维等一些不溶性成分随蛋白质一起过滤到豆浆中，随点脑凝聚而混合在豆腐里。从生产记录统计可知，含渣过多的豆腐容易产生气泡。

4）豆腐坯的数量不适当。每只笼格内豆腐坯的数量应固定，冷天所放的数量应比热天多些。当气温转暖时，笼格所放数量如不减少，打笼堆桩又过高，因毛霉在繁殖过程中会产生热量，如未能适时翻笼凉花，使笼内品温过高，不但产生气泡，同时还会产生氨气。

3. 后期发酵中的质量问题

在后期发酵过程中常会出现如下质量问题：

(1) "腌煞坯"

用盐量过大或腌制时间太长，会使坯子中氯化物含量太高，造成口味咸苦。同时，由于氯化钠浓度大，使坯身中蛋白质过度脱水收缩变硬，不利于蛋白酶的作用。这样造成的硬度，统称"腌煞坯"。"腌煞坯"的坯子咸度高，在后发酵中酶的水解作用减退，影响了蛋白质分解，造成腐乳粗硬、咸苦不鲜。

在腌制过程中，要严格按操作规程和工艺要求进行操作。腌期一般为 8 天，咸坯氯化钠的含量控制在 17%～18%。

(2) 白腐乳的褐变

褐变多见于白腐乳。暴露于空气中的腐乳便逐渐褐变，颜色从褐到黑逐步加深。这是由于毛霉中的儿茶酚氧化酶在游离氧分子的存在下催化各种酚类氧化成醌，再经聚合成为黄色素所致。

儿茶酚氧化酶又称酪氨酸酶、多酚氧化酶、甲酚酶，属于氧化还原酶类。它以分子氧为氢的受体，即只有在游离分子氧存在下才能与底物发生作用。

腐乳中含有大量的酪氨酸，当腐乳离开汁液与空气接触时，原来毛霉生长过程中积累的儿茶酚氧化酶催化腐乳中的酪氨酸氧化聚合成为黑色素。其机理如下：酪氨酸经酶催化氧化成为多巴，多巴经酶催化氧化成为多巴醌，多巴醌经分子内部加成及重排（非酶反应）形成一种吲哚衍生物，称为无色多巴色素，继续被酶催化氧化成为红色（醌式）的多巴色素，经脱羧及异构化，形成5,6－二羟基吲哚，再经酶催化氧化成为吲哚5,6－醌。5,6－二羟基吲哚与吲哚5,6－醌氧化耦合形成二聚体，二聚体借氧化作用继续与二羟基吲哚耦合，形成三聚体，如此继续耦合成为高聚体，这就是黑色素。

由此看来，防止腐乳褐变不能简单地采用破坏或者抑制儿茶酚氧化酶活力的办法，相反地还要确保一定量的儿茶酚氧化酶活力，以使大豆中的黄酮类色素缓慢氧化成黄豆素及其衍生物。因儿茶酚氧化酶催化酪氨酸形成黑色素的反应必须要有游离分子氧的参与，故隔绝氧气是防止褐变的必要条件。因此，在后发酵和储存、运输、销售过程中，腐乳容器的密封性是很重要的。有的工厂在后发酵时用纸盖在腐乳表面，让腐乳汁液完全封盖腐乳表面，后发酵成熟时将纸取出，添加封面食用油脂，以防腐乳变黑，其道理就在于此。

七、豆浆粉生产线上产品常见的质量问题

豆浆粉生产线上产品常见的问题是：浓缩后豆浆基料黏度过大。造成浓缩后基料黏度过大的原因主要有：

1. 过度浓缩致使浓缩后浆液的固形物含量太高

固形物一般超过16%，就会使基料黏度变大，甚至形成膏状，失去流动性，无法输送。

2. 浓缩时的加热温度偏高、时间长

豆浆在浓缩时发生热变性，加热温度越高，受热时间越长，蛋白质变性程度越高，表现为豆浆黏度增大，以至于凝胶。为了得到高浓度、低黏度的浓缩物，生产中一般采用减压浓缩的方法。即采用50～55℃、80～93 kPa的真空度进行浓缩，每锅浆料浓缩时间控制在25～30 min。

3. 豆浆制取的方法

豆浆制取的方法对黏度有影响。在制取豆浆时为了提高蛋白质的利用率，有时采取先加热豆糊后除渣的方法，这样固然可以充分利用蛋白质，但是却会导致豆浆黏度的升高，给浓缩操作带来困难，而且这种制浆方法还会影响最终豆浆粉的色泽及溶解性。

4. 浓缩前基料中未适当添加蔗糖

在豆浆中加糖不但可以降低黏度,而且可以大大限制黏度的增长速度。

5. 基料的 pH 值

基料的 pH 值对浓缩物的黏度影响较大。pH 值为 4.5 左右时,浓缩物的黏度最大,提高浆料的 pH 值,可以降低黏度,但 pH 值偏碱性时,会使产品的色泽变得灰暗,口味也差。一般生产中调节 pH 值在 6.5~7.0 比较合适。

学习单元 2 半成品企业标准的制定

生产过程中的半成品,可视产品生产过程确定。确定半成品后,应制定半成品质量标准,作为工艺控制的质量依据。

半成品若作为商品进入流通领域,其半成品技术标准应纳入出厂产品标准子体系中。

半成品企业质量控制标准的写作要求可以参照上节内容。半成品标准内容包括:半成品的质量要求、试验方法、检验规则、存放和搬运等。

下面给出卤制豆腐干半成品——白干的质量控制企业标准,仅供参考。

一、封面(略)

二、前言

本标准按照 GB/T 1.1—2009 给出的规则起草。

本标准由××××有限公司技术部提出并归口。

本标准起草部门:××××有限公司。

本标准主要起草人:××× ×××

本标准由××××有限公司技术部负责解释。

三、正文如下

卤制豆腐干半成品——白干

1 范围

本标准规定了白干术语和定义、质量要求、试验方法、检验规则、存放和搬运等。

本标准适用于白干。

2 规范性引用文件

本标准中引用的文件对于本标准的应用是必不可少的。凡是注日期的引用文件，仅所注日期的版本适用于本标准。凡是不注日期的引用文件，其最新版本（包括所有的修改单）适用于本标准。

GB 1352　大豆

GB 2711　非发酵性豆制品及面筋卫生标准

GB 5009.3　食品安全国家标准 食品中水分的测定

GB 5009.5　食品安全国家标准 食品中蛋白质的测定

GB 5749　生活饮用水卫生标准

3 术语和定义

下列术语和定义适用于本标准。

3.1 白干 Semi-dehydrated soybean curd

大豆经浸泡、磨浆、煮浆、加入凝固剂点脑、凝固、压榨成型等工序制成的产品。

卤制豆腐干 Thick gravy-stewed semi-dehydrated soybean curd

又叫卤制豆干。以白干为原料，切成一定的形状（丝/块），放入汤卤中煮制，经过或不经过调味料、过油拌料而制成的产品。

4 质量要求

4.1 感官要求：

乳白色或淡黄色，色泽均匀，无异物；具有豆香味，香气正常，无异味；块形完整，有弹性，质地密实。

4.2 理化要求：

水分（g/100 g）≤65%；

蛋白质（g/100 g）≥15%；

铅（mg/g）≤1.0

砷（mg/g）≤0.5

4.3 微生物要求：

菌落总数：≤10^5 cfu/g

大肠菌群：≤10 cfu/g

致病菌：不得检出。

4.4 食品添加剂：应符合 GB 2760 的规定。

5 检验方法

5.1 感官指标

取适量试样置于50 mL烧杯中,在自然光下观察色泽和组织状态。闻其气味,用温开水漱口,品尝滋味。

5.2 水分

按GB 5009.3规定的方法测定。

5.3 蛋白质

按GB 5009.5规定的方法测定。

5.4 铅

按GB 5009.5规定的方法测定。

5.5 砷

按GB 5009.5规定的方法测定。

5.6 菌落总数

按GB 4789.2规定的方法测定。

5.7 大肠菌群

按GB 4789.3规定的方法测定。

5.8 致病菌

按GB 4789.4规定的方法测定。

6 检验规则

6.1 采样原则

采集的样品必须具有代表性。

6.2 采样量

采样量不得少于检验需要量的3倍,以供检验、复检与备查之用。

6.3 采样方法

采集样品时应在上、中、下,四周与中间同时分别采样,混合均匀后再按四分法对角取样,直至所需采样量。

6.4 采样标签

采样前或采样后立即贴上标签,每件样品必须标记清楚(品名、批次、来源、地点、数量、采样人、日期)。

6.5 样品的送检和检验

采样后应尽快送检;送检时,必须填写申请单,写明目的要求,检验项目等。

接受样品后应立即登记,填写检验序号,按要求尽快检验;或放入冰箱,积极准备条件进行检验。

7 存放和搬运

7.1 经过摊晾的白干半成品应立即进入下道卤制工序，不能立即进入下道工序的产品应在0~4℃的冷库中保存。

7.2 应使用经过消毒处理的器具进行搬运。

第3节 豆制品成品品质控制

  学习目标

- 能分析成品感官质量问题并提出解决办法
- 能分析成品理化质量问题并提出解决办法
- 能分析成品卫生质量问题并提出解决办法
- 能拟定企业产品质量标准

 学习单元1　豆制品成品常见的质量问题

一、豆浆成品常见的质量问题

1. 豆腥味

对于豆腥味的产生，现在已经有比较明确的认识，大豆在空气中破碎以后，由于脂肪氧化酶的催化作用，豆油中的多不饱和脂肪酸被氧化成脂肪酸的氢过氧化物，这种氢过氧化物很不稳定，一经形成便很快分解生成某些醛、醇、酮等低分子化合物，这些物质挥发的气味使豆浆具有豆腥味。可见钝化脂肪氧化酶是消除豆腥味的关键。由于脂肪氧化酶较多地集中在豆皮中，所以豆浆生产中脱皮是必要的工艺。经过脱皮的大豆再通过浸泡，及灭酶工序即可彻底钝化脂肪氧化酶。

因脂肪氧化酶不耐热，生产通常采用高温来钝化脂肪氧化酶。80℃是脂肪氧化酶活性的临界点，通常采用高于80℃进行热处理，以钝化脂肪氧化酶。由于大豆

蛋白质的等电点通常在 pH 值 4.2~5.0 左右（氮溶解值低）。脂肪氧化酶的等电点 pH 值为 5.4，最合适的 pH 值为 9。所以不能用降低 pH 值的方法来抑制脂肪氧化酶。

大豆细胞破碎前需浸泡，如先将大豆中的脂肪氧化酶钝化，可用 40℃、pH 值 7~8 左右的 0.5% 碳酸氢钠水溶液浸泡数小时，浸泡后的大豆转入 85℃的水中脱皮，并使脂肪氧化酶失活。脱皮后的大豆在 85℃时研磨成浆也能促使脂肪氧化酶失活。最后在灭酶工艺中，使豆浆保持 80~90℃，时间为 25 min。以下是去除豆腥味的具体方法：

(1) 钝化脂肪氧化酶

1) 热磨法。根据脂肪氧化酶对热敏感，加热容易破坏的特性，在磨豆时用热水或蒸汽将温度提高到 80℃以上，并保温 10 min 左右使酶钝化。这种热磨的豆浆会使风味改善，缺点是因部分蛋白质热变性而导致蛋白质回收率下降，成品中蛋白质含量低。

2) 预煮法。将脱皮大豆在沸水中煮 30 min，以钝化脂肪氧化酶（水中加入 0.25% $NaHCO_3$ 能增强效果），可获得风味良好的豆浆。

3) 远红外线加热法。远红外线渗透性好，大豆在破碎之前用远红外线加热，热量可快速传至内部，使脂肪氧化酶活性迅速钝化。而且还发现远红外线加热时大豆中心温度高于介质温度，时间短，大豆蛋白质的热变性程度较小，产品的 NSI（氮溶解指数）较高。

4) 利用抗氧化剂降低豆浆中脂肪氧化酶的活性。可利用抗坏血酸加柠檬酸与酚类抗氧化剂结合使用来对脂肪氧化酶进行抑制。

(2) 真空脱臭

整粒大豆经过浸泡，在研磨以前已产生一部分挥发性物质，但 1－辛烯－3－醇通过热磨法也不能消除。为此，如在泡豆水中加入 Na_2CO_3 等，豆腥味可减轻。另外，也可采用真空脱臭法予以排除。即在高温杀菌后，将豆浆喷入真空罐，急骤降温到 80℃左右，同时带有不良气味的挥发性物质被真空泵抽出排去（闪蒸蒸发）。另外还有很多理化方法脱腥臭。

(3) 酶法脱臭

近年来酶法除臭是研究较多的。一般来说，豆腥味越强的制品其苦涩味也越强，20 世纪 60 年代末 70 年代初，发现一种霉菌蛋白酶可除去 90% 的味道（水解掉与蛋白结合的醇、残留脂肪酸等）而得到几乎没有味道的产品，并且定性尚好。最近，日本有人开始使用醇、醛脱氢酶取得了很好的效果（用气相色谱分析及感官品尝）。目前已有筛选出能产生此种脱氢酶的微生物（某种酵母菌）的报道，开展利用新型固定化微生物（蛋白酶）对大豆蛋白质进行高效分解以改善大豆蛋白食用品质的研究工作也有报道。另外还可通过添加香精等掩盖一部分豆腥味，或通过微生物的发酵作用，代谢或掩盖部分呈豆腥味的物质。

另外还有蒸汽馏出法，溶剂溶出法，发酵法等脱臭方法。

2. 大豆蛋白的提取率低

工业生产中通常采用pH值7.0～7.5，以保证提高大豆蛋白的提取率。蛋白质和固形物回收率的高低，也是生产大豆蛋白质饮料的关键。影响回收率的因素很多，如大豆的品种和原料的储藏温度与时间、是否去皮、浸泡水温和时间、研磨条件、豆水比例、洗渣次数等。大豆蛋白质中有80%～88%是可溶性蛋白，其中球蛋白占34%（球蛋白等电点的pH值为4.2），白蛋白占6%。豆浆生产中提取可溶于水的蛋白质，大豆蛋白等电点pH值为4.3，提取的pH值偏离等电点越小越不稳定，易沉淀。研究表明：氮溶解值在pH值3.5～4.5最低，pH值6.5以上则在90%以上，即pH值6.5以上偏离大豆蛋白等电点较远，蛋白质提取率较高，但碱性过大则会使蛋白变性和产生涩味。

3. 豆浆的褐变

豆浆本身的色泽为类似牛奶的乳白色，但因生产过程的处理不当会使色泽发生变化，影响质量。豆浆中含有较多蛋白质，单糖具有还原性，在高温下，糖与酪蛋白发生美拉德反应产生黑色素，使豆浆色泽呈暗褐色。如豆浆在一次杀菌、二次杀菌时温度过高或时间过长，使乳液发生褐变。在保证杀灭微生物的前提下，应尽量降低杀菌温度和缩短杀菌时间，以防止豆浆液发生美拉德反应而出现褐变。另外，大豆原料在烘干时的温度过高或烘干时间过长发生焦糊而使豆浆呈暗灰色。pH值对豆浆的色泽影响较大，因为不同的pH值在豆浆加热灭菌过程中，直接影响产品的色泽，如pH值高于7.2时，经高温杀菌后色泽很差，而pH值低于6.5时，色泽虽较好，但易造成蛋白质沉淀。

4. 豆浆的稳定性

豆浆是一种不稳定的分散系，在这个系统中蛋白质及大豆微粒形成悬浮液、脂肪可形成乳浊液，糖、盐等会形成真溶液；豆浆存在着蛋白质受热高于85℃时易变性，放置时间长易分层等不稳定现象；并且在实际工艺中，配料的混合、预热、净化过程也会影响豆浆的稳定性。选用合适的乳化剂、增稠剂，以及合适的均质条件、合理的工艺，可以提高豆浆的稳定性。

通常在豆浆中强化钙元素、锌元素等营养成分，如乳酸钙、氢氧化钙等。强化剂的加入方法、强化剂的数量及纯度等不适当，都可能引起沉淀，影响豆浆的稳定性。因此，豆浆生产的强化工艺，在操作时应小心谨慎，以保证豆浆的稳定性不受影响，从而达到理想效果。

5. 胀气性物质与有害物质

大豆中含有胰蛋白酶阻碍因子，在生理上有抑制胰蛋白酶的作用，会引起胰脏肿大。大豆还含有凝血素等营养有害因子，这些物质在豆浆制造过程中几乎全部转移到豆浆中，增加了豆浆的抗营养因素。但这些物质不耐热，受热易失活。大豆中还存在一些寡聚糖，如棉籽糖、水苏糖等，在小肠中不易被人体胃肠消化酶所消化，但经过大肠时受肠内厌气性细菌作用产生气体，引起肠胃气胀，甚至腹泻。可通过酶解法把棉籽糖水解生成密二糖和果糖。

大豆中对人体有害的物质主要包括低聚糖（主要是鼠李糖）及植酸，胰蛋白酶抑制素（TI）、γ-淀粉酶抑制素、凝血素、皂角苷组胺和组胺类物质等。实践证明，豆浆经90~100℃保持15 min处理，可除去或破坏这些有害物质等抗营养剂。因人体不含有半乳糖苷酶，无法分解豆浆中的棉籽糖、水苏糖。若将脱皮后的大豆再浸渍软化，可通过细胞壁浸出一部分低聚糖及色素，浸出率可达25%~35%。低聚糖一般是不能如同胰蛋白酶抑制剂和脂肪氧化酶那样经热处理被破坏掉的。已报道的可减少豆浆中低聚糖含量的措施有酶处理法、超滤等。

TI的热稳定性较差，故加热处理能使TI破坏。经研究认为，为了尽量避免破坏其他氨基酸，使大豆蛋白的营养少受损失（营养价值达到最高）的热处理条件是用流动蒸汽加热30 min，或是在6.81 kg压力下加热15~20 min。同时在加热过程中增加水分可以改进营养价值，水分达19%时可获得最高的营养效果。近年发现，经加热处理不仅能破坏TI，而且还能破坏另一些不利的生物活性物质，如一种称为"抗营养物"的物质（它能抑制小肠分泌激素、胰腺分泌激素，后者是胰蛋白酶发挥作用的必要因素），实际加热处理中，因试验物料和条件的不同，所得结果不尽相同。

二、豆腐成品常见的质量问题

1. 内酯豆腐

（1）内酯豆腐发红发酸

1）产生原因

①各道工序的卫生情况较差。

②超长时间生产而设备管道、桶体未能及时清洗。

③煮浆未煮透或出现煮浆假沸现象。

④充填包装速度过快，特别是无级调速的包装机，包装速度未控制好，造成二次加热凝固时灭菌时间不足。

⑤二次加热的水温未达到规定要求。灭菌温度不足。

⑥成品冷却时间不足，豆腐的中心体温未降至常温以下。

2）解决办法

①在生产前后及生产过程中必须加强各个环节的清洁卫生。豆制品生产卫生工作尤为重要，如环境卫生、设备、桶体、过浆管道、操作人员等各个环节稍有疏忽，就会引起微生物的生长，特别是夏季生产，容易造成豆腐在保质期内发酸发红的现象。

②通常每班工作 4 h 左右，即对设备管道容器进行一次冲洗，可防止成品过早发酸发红。由于在生产过程中豆浆与设备、管道、容器的接触，会附着大量的浆液，设备、管道、容器的结垢，引发大量的微生物繁殖，给煮浆和加热灭菌带来困难，影响灭菌效果。

③敞口煮浆要谨防豆浆"假沸"。煮浆过程严格按操作要求进行，特别是煮浆温度达到98℃时，仍需开小汽进行保温，使其达到充分灭菌的要求。如采用自动煮浆设备应随时注意进出浆的流量，因豆浆在高温情况下极易积垢，有可能影响传热而降低了灭菌效果。所以采用自动煮浆设备时每隔 4 h，可用 H_2O_2 水进行一次循环清洗，以保证煮浆的灭菌效果。

④二次加热槽的长短是根据包装机的充填包装速度而设定的。工艺要求包装后的豆腐，进入加热槽加热，必须保证包装豆腐在 80～85℃的水浴中，不少于 20～25 min 的时间。温度低于 80℃，时间少于 20 min 不仅会影响豆腐的凝固而且不利于消毒灭菌。这种情况下极易发生豆腐发酸，严重时还会引起胀盒。此类情况多发生在无级调速的包装机上，操作人员忽视包装速度的控制，使包装后的豆腐在加热槽停留时间不足而造成灭菌效果降低。

⑤控制好成品冷却的时间和温度，经加热成型的豆腐要求在短时间内将中心温度降至常温 25℃以下，最好采用冰水冷却。因为微生物最适合的繁殖温度是 30～35℃，如果冷却时间长，就会给微生物繁殖创造条件。

(2) 内酯豆腐出水，脱盒易碎

1）产生原因

①磨浆时豆与水的配比控制不好，豆浆浓度偏低引起成品豆腐偏嫩而泄水严重，脱盒易碎。理化检测蛋白质含量不足、水分超标。

②煮浆未煮透，大豆蛋白质热变性不充分，未变性的蛋白质不能与凝固剂发生作用随水排出。

③凝固剂配比超量，造成成品豆腐变老，豆腐持水性降低而泄水严重。

④二次加热凝固时水温过高，引起水浴波动大、颠簸，引起豆腐泄水。

2）解决办法

①磨糊时严格控制豆与水的比例，调整豆浆浓度。

②煮浆必需达到98℃以上并开小汽保温2~3 min，促使大豆蛋白质变性充分。

③根据豆浆浓度添加适量的凝固剂，谨防豆腐点老。

④严格控制二次加热时的水温，保温时蒸汽不宜开启过大，保持热槽内水浴水的平静。

(3) 内酯豆腐表面麻孔

1）产生原因

①浆液输送泵开启过小，产生冲击引起细泡。

②包装机顶端储浆罐液位过低，空气进入产生细泡。

③充填包装流量过急，传送链晃动过大，产生泡沫。

④二次加热水温过高，特别是中后段热槽水温过高，产生麻孔。

2）解决办法

①凡需卫生泵输送的环节，需选配合适扬程和流量的卫生泵，泵送浆液缓慢减少冲击力，阀门完全开启。如关小或半开阀门，则冲击力增加将会产生很多细泡沫，带入包装盒内造成表面麻孔。

②包装充填机顶端储浆罐应保持高液位，防止空气带入。

③充填流量过急，疏通充填器调整流量，调节设备减少走链晃动。

④二次加热水温过高，应立即关闭蒸汽阀，使水温降至规定的温度后再开小汽保温。

2. 南豆腐、北豆腐

(1) 豆腐颜色发红、色暗

豆腐颜色发红通常由于豆浆不熟引起，特别是使用敞口锅蒸汽煮浆时容易出现假沸现象。当豆浆煮到80℃左右时最容易出现假沸，只凭豆浆的翻滚和没有浮沫并不能说明豆浆已煮好，只有温度计测温达到100℃左右，才算真正把豆浆煮沸。煮沸后还要保温5~7 min。使用敞口蒸汽锅煮浆时，通常需要反复几次的开起，锅内泡沫得经反复几次升降，使用消泡剂把锅内泡沫全部消除，测温应达到97~100℃，就不会出现豆腐发红。此外，还要做到：豆浆煮熟后不得往豆浆内添加生豆浆和生水；锅内浮沫做到消泡彻底；及时把豆浆放出或舀出，不在锅内长时间停留。

豆腐的色暗，主要是豆腐表面缺乏光泽感。主要有以下原因：其一，原料变质或受高温刺激，或在保管过程中经过强制干燥处理。其二，生产过程中存在的问题，如原料筛选处理得不净；浸泡方法不当或大豆吸收的水分不足；磨碎时磨口过紧或混入污物；豆浆浓度过高；煮浆方法不妥或豆浆煮好没有及时出锅等都会使豆腐色泽发暗。

(2) 豆腐牙碜或苦涩

凝固剂混入杂质、豆腐脑缸刷洗不干净留有杂质，这些杂质经凝固后难以清除，混在豆腐中就会有牙碜感，牙碜的问题只要操作认真是可以解决的。

豆腐中的苦涩味几乎是同时产生的，常见于个体户使用大锅加热生产出的产品。主要原因是豆糊沾于锅底而煳锅（出锅巴），产生串烟味和苦味。凝固剂石膏或卤水添加量过多或使用方法不当也会造成产品苦涩味。

(3) 豆腐出现馊味或酸腐味

豆腐出现馊味或酸腐味有两种情况：一是新鲜的豆腐就有馊味或酸腐味。这主要是生产过程中卫生条件太差，制作豆腐的设备、管道等不洁造成的。特别是使用的豆腐包布和压榨设备没有及时清洗、消毒、晾晒，产生馊味，导致刚制作的豆腐表面出现馊味或酸腐味。二是豆腐的储藏条件不适或时间过长引起的。豆腐水分含量高，又富含蛋白质、脂肪等营养成分，受微生物污染后极易酸败变质，夏秋季节环境温度较高，豆腐在短时间内就会腐败变质。加强豆腐生产过程中的卫生管理，确保豆腐在冷链中流通、储藏等可以延长豆腐的保质期。

(4) 豆腐脑老嫩不匀

点脑老与嫩的问题有以下几种情况：以每个缸为单位，全缸豆腐脑都点老，全缸豆腐脑都点嫩；同一缸豆腐脑中有老又有嫩。前两种情况主要与下卤速度有关。下卤要快慢适宜，过快，脑易点老；过慢则点嫩。第三种情况是点脑的技术出了问题，如在同一缸豆腐脑中出现了老嫩不一的情况，还混有未凝固的豆浆，主要是点脑的翻浆动作不准，出现了转缸。点脑时应不断将豆浆翻动均匀，在即将成脑时，要减量、减速加入卤水，当浆全部形成凝胶状后，方可停止加卤水。

(5) 豆腐的形状不规则

豆腐生产对产品有一定的规格标准要求，要求使用标准模具。有的品种在出售时不是称重计价，而是以体积计价，因此要求每块的大小是一致的。做这样的豆腐出现厚薄不均匀就会给销售带来一定困难。其主要原因是上榨不匀和偏榨。上榨不匀是指豆腐之间互相对比厚薄不一样。偏榨是指同一块豆腐体存在各部位的厚薄不一样。前者主要是生产过程对豆浆浓度掌握不准或在凝固时点脑的老嫩不一所致，如生产过程豆浆浓度忽高忽低，点脑时就会出现忽老忽嫩，就很难做到产品的厚薄均匀一致。偏榨原因主要是底板放的不平，或由于操作者疏忽造成的。

三、豆腐片/千张成品常见的质量问题

豆腐片/千张常见的质量问题有：豆腐片/千张颜色发红、色暗，豆腐片/千张口感牙碜或苦涩，豆腐片/千张成品出现馊味或酸腐味，豆腐脑花不均匀有白浆，豆腐片/千张厚薄不均等。豆腐片/千张出现颜色发红、发暗，口感牙碜、苦涩，有馊味或酸味等质量问题的原因与前面讲的豆腐出现的类似质量问题的原因是一样的，解决方法也基本一样。

豆腐脑花不均匀、黄浆水呈乳白色，是由于点脑时凝固剂在浆液内分散不均匀，导致有的地方凝固剂浓度过高，有的地方凝固剂浓度不够，致使豆浆中的蛋白质分子没有交联而分散在水中。

造成豆腐片/千张厚薄不均的主要原因是破脑不均，致使脑花大小不均，从而造成在泼片的过程中泼不均匀而导致豆腐片/千张的厚薄不均。

四、卤制豆腐干成品常见的质量问题

卤制豆腐干风味不足是常见的质量问题。豆腐干卤制后出现风味不足的原因如下：

1. 不按标准要求使用调味料

包括调味料的种类、数量没有按配方要求使用。在一般情况下配方是不允许随意更改的，调味料的种类、数量如果改变后必然要影响豆制品的风味，就会出现产品味道不足的现象。

2. 卤制的操作方法和时间不当

操作方法是指豆腐干在卤制时，有的产品需要首先将调味料按配方规定称足数量，制成卤汤，再将产品放入卤汤内进行卤制。有的产品除用卤汤外，还要把适量的调味料和产品同时放入卤制器具，一起蒸煮或焖泡。不能只求快、省力，卤制时间的长短对产品的风味起重要作用。

五、油炸豆腐泡成品常见的质量问题

由于油豆腐的制作方法特殊，操作技术性强，在实际生产中往往同一批原料、

同一班次、同一个操作人员进行操作,也会出现产品质量的差异。归纳起来,比较常见的质量问题主要有:油豆腐膨胀效果不好,如油豆腐僵硬不发、油豆腐先发后缩瘪、油豆腐太发开裂、油豆腐色泽发暗和焦黑等几种情况。下面分析产生上述问题的原因并给出相应的解决办法。

1. 油豆腐僵硬不发

(1) 油豆腐僵硬不发的原因

油豆腐僵硬不发可以从以下几个方面查找原因:

首先,检查油豆腐坯子是否有细渣混入。油豆腐产品最怕有细渣混入白坯,因细渣能隔断蛋白质分子间的联结,改变大豆蛋白质的构型,使产品变得粗糙,当坯子进入油炸时影响油豆腐的膨胀,因此在炸制过程坯子只会僵硬而不发。

其次,点脑温度过高或凝固过头。点脑温度高,蛋白质凝固速度快造成网状结构不理想,豆腐花组织收缩快,影响坯子的持水性,产品粗糙板结;而凝固过头,一方面是凝固剂使用量超标,另一方面是凝固操作搅拌不当。在点脑操作中豆浆的搅拌速度和时间对凝固物有直接的关系,搅拌越剧烈,凝固剂用量越少,凝固速度快;搅拌速度慢,凝固剂的使用量就多。点脑的搅拌速度和时间要根据油豆腐脑花凝固状况而定,这一点在油豆腐生产中尤为重要,如豆浆已达到凝固要求,就应该立即停止搅拌,这样油豆腐坯子组织状况好,产品细腻而柔软有拉劲。如超过凝固要求,豆腐花的组织被破坏,蛋白质的持水性差,坯子粗糙,在油炸中影响坯子的膨大。

最后,在油炸中初炸油温过高。如良好的豆腐坯子由于初炸油温过高,一下子把坯子的皮膜炸老炸硬,坯子内部的水汽向外扩展的力不足以向周边延伸,造成坯子膨胀困难,油豆腐就越炸越僵影响膨胀效果。

(2) 油豆腐僵硬不发的解决办法

1) 要随时观察磨糊的粗细,如发现磨糊粗细不匀,应考虑磨片的平整度及磨损情况,如因磨片不平要及时修复。在分离环节检查滤布的破损情况,如有破损及时更换,特别是最后一道滤熟浆环节的滤布目数要在100目以上,滤布目数小则极易将细渣带入豆浆中。在放浆桶上再用纱布过滤能有效防止细渣混入到坯子中。

2) 控制煮浆时间,防止大豆蛋白质过度变性。煮浆温度过高要增加冷却的水量,造成豆浆浓度和点脑温度不易控制,容易造成点脑凝固过度。因此煮浆时,当蛋白质适度变性后应立即关闭气阀,停止加热。试验证明,制作油豆腐的豆浆在96℃煮浆3 min,达到100℃时油豆腐的膨胀率最大,而超过100℃膨胀率随之减弱,温度超过105℃制得的坯子基本没有膨胀率,所以煮油豆腐浆一定不能过度。

3) 制作油豆腐的豆浆，点脑一定要控制卤水的浓度和流量，卤水浓度要稀释到 15～18°Bé，加入时要细水长流且流量稳定，不可时多时少，防止因卤水浓度高、加入过量而造成凝固过度而影响膨胀率。

4) 控制初炸油温，防止过高。首先要控制好火候，其次要固定投坯子的数量，坯子多，投入后油温降低快，反之油温降低慢，油温高坯子结皮不发，应采取紧急措施，迅速抑制炉火降低油温，并把坯子捞出，在坯子上喷洒冷水，一直喷洒到坯子表皮发软，再油炸可使油豆腐得以补救，但比较麻烦，还是以在操作中控制为好。

2. 油豆腐大发开裂

(1) 油豆腐大发开裂的原因

油豆腐制作过程中，为助其膨胀需要添加苏打粉或食用碱等膨松剂，而膨松剂的加入量以大豆的性能而定，新豆膨胀率好可少加些，而陈豆及膨胀率不好的可适当多加些，一般以 50 kg 成品添加 30～60 g 膨松剂为宜。在实际操作中还需根据成品的膨胀程度适当增加或减少，如油炸时大发，首先减少膨化剂的添加量，以控制坯子膨胀过度。

同时坯子的含水量要适中，含水量过大，坯子过嫩，也是引起大发的原因之一，这与制坯操作压坯时，未控制好压坯的压力和时间有关。同时由于膨松剂加入量过多，也会引起压坯时泄水困难而给压坯带来不便。

在油炸中，初炸油温太低也会引起油豆腐过分膨胀。油豆腐过分的膨胀，极易引起皮膜破裂，炸油从裂口处渗入影响产品质量和口感。同时由于坯子含水量大容易造成坯子变形，炸出的成品形状不佳。

(2) 油豆腐大发开裂的解决办法

1) 必须掌握原料大豆的性能，根据需要添加"膨松剂"，以利于按要求膨胀。

2) 制坯中如点脑过嫩，要增加破脑的力度和次数，做到嫩浆老开，板足。同时调整压坯的压力和时间，可改变点脑过嫩或"膨松剂"过多所带来的不利因素。

3) 严格控制初炸油温。控制初炸油温，有利于皮膜形成，内部水分按要求受热气化，达到理想的膨胀效果。

3. 油豆腐先发后僵，表皮发硬

在实际操作中，油豆腐生产在制浆、煮浆及制坯操作都正常的情况下，也会出现产品的质量问题。主要表现为坯子初炸十分理想，油豆腐坯膨胀良好，但一进入高温定型阶段，会越炸越小并发僵，表皮快速增厚变硬，并造成成品僵硬，而影响油豆腐质量。

出现这种情况一方面是定型油温过高造成的,另一方面,油炸时投坯量时多时少也会造成这种现象。所以油炸时投坯量要定量控制,如投坯量少,必须适当降低定型油温。如投坯量能基本保持一致,则控制油温是关键,一般控制在170～180℃范围内,超过这一范围极易出现越炸越僵的状况,影响产品质量和色泽。

4. 油豆腐缩瘪

在油炸过程中翻动不够,浮在上层的坯子长时间与空气接触使坯子遇冷回缩,这时如不勤翻动,超过一定时间,就会造成回复困难。当坯子进入高温油炸时,由于高温定型操作未达到足够的时间,出锅与冷空气接触后,同样会引起缩瘪而影响部分产品的质量。

如坯子含水量稍高或坯子稍嫩,要适当延长两个阶段的炸制时间,特别是定型阶段使坯子炸的稍老一些,以利巩固定型。在实际操作中,为防止定型判断失误,可捞几只油豆腐放在锅边,如坯子遇冷立即回缩,证明定型不够,需进一步油炸。

进入高温定型阶段,勤翻促使坯体上下受热均匀一致,可避免在炸制中的上层回缩严重、底部焦黑的现象。所以一旦进入高温定型阶段多翻动勤翻动十分必要,有利于产品质量的提高。

5. 油豆腐色泽发暗发黑

油豆腐色泽不好或发暗发红,除了炸油过热外,主要还是碎渣清除不及时造成的。在油炸过程中,坯子产生的碎渣、碎屑会留存在油锅内,经过长时间油炸会产生焦化变黑,加快炸油的老化速度,而影响产品色泽及口感。如油温一时过高可添加冷油降温,同时调整火候,并在实际操作中每炸一锅都要清除一次残渣,每班结束后必须将炸油全部过滤一次,以保证炸油质量及产品色泽。

从整个油豆腐的加工操作过程看,各道工序之间都有互为因果的关系。特别是原料豆的质量尤为重要。如各个环节都合理控制,仍有大批量的油豆腐不发就要考虑调换原料豆。平时少量油豆腐不发应从生产操作过程中查找原因,一定是某一环节控制不当。现在企业规模扩大,生产车间布局战线拉长,输浆管道距离也越来越长了,长距离输送豆浆对油豆腐生产带来质量不稳定的因素也日见增多,从长期的豆制品生产经验分析,制作油豆腐坯子的车间不宜离制浆车间太远。煮浆最好用敞口锅,煮一桶用一桶,主要有利于浆温的控制。只要能做到一选(原料豆选择好)二控制(两个阶段的油温控制)三低(豆浆浓度低、点脑温度低、卤水浓度低)和合理添加用油,勤清残渣,是生产高质量油豆腐的保证。

六、腐竹/腐皮成品常见的质量问题

1. 腐竹/腐皮颜色偏深

成膜时豆浆的保温温度应控制在80℃左右，最高不超过82℃。如果保温温度偏高至85℃以上，则腐竹的色泽便发生由淡黄向褐色的变化。

2. 皮膜过薄，易碎

造成腐竹/腐皮皮膜过薄的原因主要是成膜时间不够，不足10 min。成膜时间不够，皮膜薄，易碎。

3. 皮膜过厚，口感差

造成皮膜过厚的原因是成膜时间过长，超过20 min，致使皮膜过厚。皮膜厚，虽然硬实，不易碎，但口感差。

4. 腐竹/腐皮暗淡，复水后韧性差

好的腐竹/腐皮色泽淡黄，有一定的光泽，复水后韧性好。好的腐竹/腐皮除需要使用含油量偏高的食品大豆外，还需要在加工过程中控制好各个环节的卫生，定期、及时地清洗管道和设备，如果生产过程中的卫生状况控制不好，则生产的腐竹/腐皮色泽暗淡，复水后韧性差。

七、腐乳成品常见的质量问题

1. 腐乳白点及表面结晶物

腐乳成熟后，其表面常生成一种无色硬质片状结晶体及白色小颗粒。尤其是白腐乳更为明显，它大部附在表面的菌丝体上，也有在卤汁中的，这种无色结晶和颗粒小白点，一般称为腐乳结晶物及白点，它严重影响腐乳的外观质量。

（1）腐乳白点产生的机理

腐乳白点是指附着于成熟腐乳表面上的，直径约为1 mm左右的乳白色硬质圆粒状小点，有时呈片状，有时附着于腐乳表层松散的毛霉菌丝上，或悬浮于腐乳汁液中，或沉积于容器底部。腐乳白点是我国腐乳生产中的老大难问题。

那么，腐乳白点的化学本质是什么呢？对于这个问题，迄今尚未得出统一结论。有的认为是蛋白质分解物酪氨酸，有的则认为是毛霉孢子囊壁的草酸钙结晶凝结而成，各有其说。但一般倾向于前一种说法。袁振远等人的研究结果认为，白点的化学本质是酪氨酸。他们认为白点的形成是腐乳在后期发酵阶段中，大豆蛋白质受毛霉中蛋白质水解酶系催化，水解释出酪氨酸，进一步积集的结果。

酪氨酸是构成蛋白质的20种氨基酸之一，属芳香族氨基酸。在人体内，酪氨

酸除合成多种蛋白质、肽酶等生命物质外，也是儿茶酚胺、甲状腺素等的代谢前体。游离态的酪氨酸在水中溶解度仅为0.045%，因此是难溶于水的氨基酸。在腐乳后熟过程中，酪氨酸含量增高，并游离析出，而且发酵时间越长，酪氨酸积累越多。笔者认为，酪氨酸的生成除毛霉蛋白酶起作用外，其他耐酸菌或者嗜盐菌、嗜酒菌等也可能起着重要作用。因为腐乳发酵实质上是一种多菌种混合发酵，迄今已分离出的微生物多达20余种，而且后期发酵主要是一种厌气性细菌在起作用。不过对于采用纯培养接种的发酵来说，毛霉蛋白酶对酪氨酸的生成肯定是起着主要作用的。

由于白点是蛋白酶水解大豆蛋白的产物，因此合理控制毛霉蛋白酶的水平，是减少腐乳白点出现率的一项基本措施。然而，现时对毛霉中的蛋白质水解酶的种类及其酶学特性未有深入的研究。一般而言，与酪氨酸释放有关的蛋白酶可能有如下两类：①内肽酶。从腐乳白点形成情况来看，毛霉在老熟时能积聚优先切断肽链中酪氨酸肽键的蛋白酶是很有可能的。②外肽酶。上述内肽酶作用的结果，生成了以酪氨酸为末端的肽链，接着再受酪氨酸羧基肽酶（外肽酶）的作用生成酪氨酸。

蛋白酶的形成与毛霉生长条件密切相关。毛霉培养时间越长，蛋白质水解酶系中酞酰酪氨酸酶积聚越多，因而释放出的酪氨酸越多，白点形成得也越多。因此，加速腐乳前期发酵进程，对于降低白点生成率无疑是有效的。但是过分缩短毛霉生长时间，以防止白点出现，是一种因噎废食的措施。因为优质的腐乳，需要毛霉具有相当强的蛋白质分解能力。在短时间培菌的场合下，毛霉蛋白质水解酶系活力不高，蛋白质消化程度差，成品腐乳的鲜味必然达不到质量要求。而且培菌时间过短，毛霉的儿茶酚氧化酶活力不高，成品腐乳色泽过淡，也难符合质量标准，因为毛霉儿茶酚氧化酶活力是随毛霉生长过程而提高的。因此，掌握毛霉生长的最适条件，是解决白点问题的一项重要措施。另外，根据酶生物合成的产物阻遏机理，可以设想在培养基中添加酪氨酸，以阻遏毛霉中酞酰酪氨酸水解酶的合成，来进行毛霉菌株的酪氨酸驯育，以获得较优良的纯培养物投入前期发酵。

综上所述，根据毛霉生长条件与蛋白酶及儿茶酚氧化酶活力消长的关系，恰如其分地控制好发酵的温度、湿度、培养时间等，是防止腐乳出现白点的关键所在。在一定温度下，随着毛霉生长时间的延长，蛋白质水解酶系活力越来越高，大豆蛋白质的消化程度越大，酪氨酸的析出量也就越多。当它在溶液中的浓度超过其溶解度时，便结晶析出。先形成微小的晶核，随着蛋白质的继续水解，析出的酪氨酸晶体逐渐增大。因而前期发酵时间越长，白点微粒也越大越多。但时间过短，蛋白酶及儿茶酚氧化酶活力不足，会导致成品腐乳滋味欠鲜，色泽浅淡。因此，为照顾成品的色泽风味，又要控制白点的出现，掌握好前期培菌的工艺条件具有决定性的意义。

广州调味品所的研究结果认为，前期发酵时间宜控制在 45 h 左右，室温宜在 26～28℃，室内相对湿度宜在 90% 以上。这样的前期发酵条件较为理想，制成的产品质量基本符合要求。

(2) 腐乳表面的无色结晶物

白腐乳转入容器内进行后期发酵时，腐乳层的上面盖上一张白纸，以防止腐乳褐变产生黑斑。发酵成熟后，在这张纸的上面，特别是在没有汁液浸没着的纸张边缘上，经常发现有无色或浅琥珀色的透明单斜晶体，紧贴在纸张的上面，有时偶然存在于汁液中。腐乳出厂前要把盖面纸拿掉，并把汁液用纱布过滤，再加上辅料（如辣椒酱），然后置回容器内。如果这些结晶物清除不彻底，残留在成品内，致使消费者误认为是玻璃碎屑而望之生畏。目前，经袁振远等人对腐乳汁液中结晶物的化学分析，初步确认这些结晶物为磷酸铵镁 [$Mg(NH_4)PO_4$] 和磷酸镁 [$Mg_3(PO_4)_2$] 的混合物，并推测其混合分子比约为 6:2。

大豆中含有各种磷酸脂类，这些磷酸脂类在腐乳酿造微生物（毛霉、酵母菌、细菌等）中的磷酸脂酶的催化下，水解释放出磷酸。因此，腐乳汁液中必然有磷酸存在，这是结晶生成的物质基础之一。

另一方面，大豆蛋白质在微生物作用下水解为各种氨基酸，氨基酸再经脱羧作用产生游离氨，而酿造腐乳用的食盐未经精制，含有不少 $MgCl_2$（有时高达 1%），这些 Mg^{2+} 和 H_3PO_4 及 NH_4^+ 并存时即形成 $Mg(NH_4)PO_4$ 及 $Mg_3(PO_4)_2$，这就是腐乳汁液中结晶物的主体成分。由于在长期的后期发酵过程中，腐乳盖面纸上面的汁液逐渐蒸发浓缩，其中的 $Mg(NH_4)PO_4$ 和 $Mg_3(PO_4)_2$ 即结晶析出。此两种化合物都不溶于水，也不溶于碱，而可溶于酸。同时，由于食盐中的微量铁及在生产过程中混入的微量铁离子成为碱式有机酸盐，例如碱式醋酸铁 [$Fe(OH)(Ac)_2$] 等，而使上述结晶染上轻微的琥珀色。

在发酵成熟的腐乳中，瓶内表层有大小不等结晶物。最大的有 4 mm，呈淡棕色，用镊子取出，经水洗去表面卤汁，干燥后对样品进行处理，取上清液用日立 835-80 型氨基酸分析仪上柱分析，其结果是游离氨增多。造成腐乳游离氨增多的主要原因，从生产实践来看，是由于"白坯"水分超标，加上室温高，为杂菌生长繁殖创造了条件，特别是适应高温菌的枯草杆菌（Bacillus subtilis）的生长。随着发酵时间延长，pH 值不断上升，毛坯中氨气浓度也随之增加，通过后期发酵的 pH 值变化和时间延长，使游离氨析出。

从以上结晶形成的机理来看，腐乳汁液中结晶物质的生成几乎是不可避免的。但是只要控制结晶物的生成量，不使结晶析出，其影响大都是可以消除的。在实际生产中，主要是严格操作，防止原辅材料的污染，特别是酿造用水中的 Mg^{2+} 含量要低。另外，还必须尽量使用高纯度的精制盐，因为粗劣的非精制盐总是含有较多的 KCl、$MgCl_2$、$CaCl_2$ 等杂质，增加了结晶生成的机会。如果已经发现容器中有结晶析出，那么就不得不采取补救的办法，进行逐坛清理，再行装坛，以清除结晶。

（3）减少腐乳"白点"与棕色结晶的预防措施

为了减少腐乳"白点"，应采取如下措施：

1）合理掌握毛霉培养时间。毛霉培养时间越长，蛋白质水解酶系中肽酰酪氨酸酶产生越多，而释出的酪氨酸越多，形成的白点也越多。酿造白腐乳的毛霉培养时间以 42～48 h 为佳。

2）品温控制。毛霉培养的最佳温度，一般要求在 28～32℃，这样可加速毛霉生长，抑制酪氨酸酶的产生，这是降低白点生成的有效途径之一。

3）控制悬浮液的 pH 值。在配制毛霉菌种悬浮液时，宜将菌种悬浮液的 pH 值调至 4.6。这样既有利于毛霉生长，又能抑制杂菌生长，对减少白点有一定的作用。

4）白坯水分控制和室温控制。白坯水分应控制在工艺标准范围之内：红方坯 70%～73%，白方坯 72%～74%，青方坯 66%～69%，酱方坯 70%～73%，室温应控制在 22～26℃；室内干湿度在毛霉发芽期应在 85% 左右。这样有利于毛霉发芽生长，抑制杂菌繁殖，减少氨气生成。

5）防止毛霉未老先衰。在毛霉进入旺盛期时要调节培菌（发酵）房的湿度，控制相对湿度为 95%，以利于毛霉充分生长，使毛霉白嫩。如培菌房湿度不够、菌丝缓慢生长，就会使毛霉菌丝细短呈灰褐色，并过早产生孢子，导致毛坯表面的菌丝未老先衰。

6）驯育菌种。腐乳生产中的蛋白质水解酶主要来自毛霉。根据酶生物合成产物阻遏原理，在毛霉扩大培养基（麸皮或大米）中添加酪氨酸进行毛霉菌种的驯化，以阻遏毛霉中肽酰酪氨酸酶的水解合成。

2. 腐乳"产气"问题

腐乳"产气"情况较为普遍，是企业难题。腐乳是发酵豆制品，以大豆蛋白质及碳水化合物为基料，经过微生物发酵而成，是一种富有营养的食品，极容易招致杂菌的感染，导致产品"产气"和变质。杂菌来源主要通过环境中空气、灰尘、设备、用具、容器、包装物及操作人员手的途径所致。因为腐乳在生产过程中的制浆、制坯、培菌（前发酵）、腌制及装瓶（坛）等工序都是敞开式操作，环境和生产环节均有杂菌存在，感染杂菌是难免的。为此杂菌感染的密度与生产环节中卫生条件有着密切联系。生产环节卫生好，杂菌密度较低；环境差，感染杂菌数量就多，造成产品"产气"的机会就多。在感染的杂菌中由于种类的不同，发酵代谢产物也各有不同，如醭酵母会"生白"；醋酸菌会"生酸"；大肠杆菌会"产气"。当然，"产气"不止大肠杆菌一种，酵母菌、中温芽孢杆菌、中温梭状芽孢杆菌、丁酸菌、乳酸菌、葡萄球菌及荚膜菌等，均能作用排泄出 CO_2，使产品胀气。据国内外研究表明，"产气"的产品中乳酸菌含量高达 10^7 个/mL。该菌为嫌气性菌，在将产品中的天冬氨酸、谷氨酸及苹果酸转变成脱碳酸的同时，产生 CO_2，故称为产气菌。在生产过程中所感染的杂菌是多种多样的，难免会混有产气菌。一旦条件适宜，杂菌便开始生长繁殖，同时排泄废物 CO_2 于产品内，使产品"胀气"，又称"胀盖"。"产气"越多，胀盖越厉害。按"胀盖"程度归纳可分为三类，即轻气类、中气类和重气类。在尚未具备用仪器测定"胀盖"含气量时，用耳听和目视进行鉴别。轻气类，打开瓶盖时，瓶盖会发出轻微的气体声。中气类，瓶盖表面平坦，但打开时能清楚地听到"啪"的一声，同时能看见烟雾状气体。重气类，瓶盖有明显凸起变形，瓶子四周有卤汁渗出表面。这些"胀气"情况，基本处于后期发酵（陈酿）期和货架期，主要在后发酵过程中生成。若后发酵（陈酿）时间短，嫌气菌尚未自灭，"产气"过程就会延至货架期。

（1）生产环境控制

生产环境除周围环境外，还有生产车间环境，其中包括空气、灰尘、地面、墙壁、天花板及水源等。

1）空气卫生。空气中的各种微生物主要存在于飞扬的灰尘中。所以生产场所周围应搞好环境卫生，保持清洁。同时生产车间应经常进行空气消毒，做到无灰尘。若有条件，要对空气进行采样培养，查明杂菌情况（见表 2—3），采取措施使空气中杂菌减到最少限度。实验证明，空气中有球菌、杆菌、芽孢细菌、酵母、放线菌、霉菌等多种微生物，每立方米从 10^2 个到 10^3 个不等。

2）减少灰尘的飞扬。在灰尘中伴有多种微生物，灰尘多微生物就多。灰尘大都来源于土壤表面，而土壤又是微生物大本营。因此，生产车间不准有灰尘存在。人员进出要更衣洗手，生产场所要闭门闭窗，防止昆虫、蚊蝇及灰尘侵入，同时经常用水冲洗地面及墙壁，保持地面清洁无灰尘。

表 2—3　　　　　　　　　　空气中的微生物

实验	球菌（个）	杆菌（个）	芽孢细菌（个）	酵母（个）	放线菌（个）	霉菌（个）	合计
1	34	16	8	5	4	6	73
2	21	10	10	2	1	8	52
3	28	15	8	3	2	12	68
4	26	21	5	1	1	8	62
5	54	27	17	2	0	19	119
6	26	12	12	2	2	11	65
7	14	15	9	3	1	8	50
8	48	20	15	5	3	10	101
9	21	14	19	1	1	6	62
10	39	29	16	4	1	16	105
11	28	14	14	3	0	12	71
12	30	12	15	7	1	9	74
13	38	20	13	3	3	7	84
14	19	16	10	2	1	10	58
15	24	22	11	1	0	9	65
16	39	21	13	3	1	11	88
17	30	19	14	4	2	13	82
合计	519	303	206	52	21	185	1 289

注：普通琼脂平板（直径 9 cm），空气采样

3）生产车间卫生。生产车间的环境卫生，与产品质量有直接关系，是杂菌感染的主要途径。为此生产场所应地面平整，墙壁平滑，下水道通畅无污垢、无积水、无异味，整个车间保持明亮卫生。经常用食品级（无毒）消毒液进行消毒，使杂菌达到最低限度。

4）工作结束后的清洁卫生。每班工作结束后，所有用具、操作台、场地、揩布等均要彻底清洗，将污物全部清除，不可残留，始终保持清洁卫生，要特别注意规范地做好工作结束后日常清洁卫生工作。

（2）生产环节卫生控制

腐乳生产环节中的容器、磨具、管道、榨床、划刀、接种器皿、发酵格箱、操作台等，都容易被微生物污染。对这些容器、工具、管道等的清洗非常重要，每班结束后要将豆浆管道及磨具拆卸清洗，桶、缸、工具及榨床应刷洗干净，对包布、竹垫、豆腐板、筐、划刀用水洗后晾干，以便下次使用。这样才能防止微生物污染，是减少腐乳"产气"的主要措施之一。

要重视操作人员手的卫生。在生产过程中,操作人员双手是污染产品的途径之一,因为双手接触面广,容易被污染。污染的微生物有大肠菌群、沙门氏菌、志贺氏菌、霉菌及球菌等。在操作时操作人员应经常洗手,通过洗手能除去大部分细菌,除菌率最少达到80%,最高能达到99.7%。

(3) 辅料的质量控制

生产腐乳用辅料的种类、用量根据各地特色风味而定,但对辅料的质量要求基本是一致的,应以降低各种辅料中的含菌率为目的。

1) 红曲质量控制。红曲是酿造红腐乳中不可缺少的一种自然红色素,对其质量要求是干燥无异味,曲体轻色价高。红曲选购后,一时难以用完,要再进行一次干燥,降低水分,这是减菌的一种好方法。因为原料干燥程度与微生物生存有密切关系,微生物随着水分变化而生存或死亡。红曲干燥对其质量有益无害,有利于保管,维护了色泽和酶系,减少了含菌率,避免了腐乳"产气"发生,是红曲质量控制的一种好方法。

2) 面曲质量控制。面曲是各生产企业自行培养的一种辅料,在红腐乳中基本均有添加,也有少数企业不用。添加面曲的目的是增加腐乳酱香气,加快成熟度及提高腐乳甜鲜度。若面曲质量不好,则淀粉不变性,酸味大,杂菌极多,对腐乳发酵有害,会使腐乳"产气""产酸"及"发霉"。为此,面曲质量极为重要。面曲制作的关键是,面粉与水要充分搅匀,蒸熟气压要高,蒸熟的速度要快,熟料疏松有香气。制曲温度和干湿度掌握要规范,符合米曲霉生长繁殖条件,培菌48 h结束。面曲应为黄色,伴有一定孢子,有正常的曲香气,最后干燥备用。

3) 米酒的质量控制。酒类是酿造腐乳的主要原料之一,酒精在腐乳发酵中能起到抑制杂菌生长繁殖、缓解酶系分解、维护块型完整的作用。同时与酸结合生成香气成分。但若米酒制作不好,发酵时间短,酵母正处在发酵活跃期,作为腐乳生产用酒,就会生成大量CO_2,使腐乳"产气"。如果在制酒时,米饭未熟,淀粉未达到充分糊化,或者发酵温度未控制好,使米酒继续发酵,这种米酒同样会使腐乳"产气"。所以在酿制米酒时,发酵时间不可过短过急,要待酵母菌的作用基本结束,酒精生成基本完成,再除渣(糟)澄清使用。

八、豆浆粉成品常见的质量问题

1. 水分含量过高

豆浆粉应具有一定的水分含量,大多数豆浆粉的水分含量都在2%~4%之间。水分含量过高,将会促进豆浆粉中残存的微生物生长繁殖,产生乳酸,从而使豆浆粉中的蛋白质发生变性而变得不可溶，这样就降低了豆浆粉的溶解度。同时，也会严重地影响豆浆粉的保质期。

豆浆粉水分含量过高的原因：

（1）喷雾干燥过程中，进料量、进风温度、进风量、排风温度、排风量控制不当。

（2）雾化器因阻塞等原因使雾化效果不好，导致雾化后的液滴太大而不易干燥。

（3）豆浆粉包装间的空气相对湿度偏高，使豆浆粉吸湿而水分含量上升。包装间的空气相对湿度应该控制在50%～60%。

（4）豆浆粉冷却过程中，冷风湿度太大，从而引起豆浆粉水分含量升高。

（5）豆浆粉包装封口不严或包装材料本身不密封。

2. 豆浆粉的溶解度偏低

豆浆粉溶解度的高低反映了豆浆粉中蛋白质的变性程度。溶解度低，说明豆浆粉中蛋白质变性的量大，冲调时变性的蛋白质就不可能溶解，或黏附于容器的内壁，或沉淀于容器的底部。

豆浆粉溶解度下降的原因：

（1）生豆浆的质量差，放置时间过长，pH值升高，大豆蛋白热稳定性差，受热容易变性。

（2）豆浆在杀菌、浓缩或喷雾干燥过程中温度偏高，或受热时间过长，引起大豆蛋白受热过度而变性。

（3）喷雾干燥时雾化效果不好，使液滴过大，干燥困难。

（4）豆浆或浓缩豆浆在较高的温度下长时间放置会导致大豆蛋白变性。

（5）豆浆粉的储存条件及时间对其溶解度也会产生影响。当豆浆粉储存于温度高、湿度大的环境中，其溶解度会有所下降。

3. 豆浆粉结块

造成豆浆粉结块的原因：

（1）在豆浆粉的整个干燥过程中，由于操作不当而造成豆浆粉水分含量普遍偏高或部分产品水分含量过高，这样就容易产生结块现象。

（2）在包装或储存过程中，豆浆粉吸收空气中的水分，导致自身水分含量升高而结块。

4. 豆浆粉颗粒的形状和大小异常

豆浆粉颗粒的大小随干燥方法的不同而异，压力喷雾法生产的豆浆粉颗粒直径较离心喷雾法生产的豆浆粉颗粒直径小。豆浆粉颗粒直径大，色泽好，则冲调性能及润湿性能好，便于饮用。如果豆浆粉颗粒大小不一，而且有少量黄色焦粒，则豆浆粉的溶解度就会较差，且杂质度高。

影响豆浆粉颗粒形状及大小的因素：

（1）雾化器出现故障，将有可能影响到豆浆粉颗粒的形状。

（2）干燥方法不同，豆浆粉颗粒的平均直径及直径的分布状况亦有所不同。

（3）同一干燥方法，不同类型的干燥设备，所生产的豆浆粉颗粒直径亦不同。例如压力喷雾干燥法中，立式干燥塔较卧式干燥塔生产的豆浆粉颗粒直径大。

（4）浓缩豆浆的干物质含量对豆浆粉颗粒直径有很大的影响。在一定范围内，干物质含量越高，则豆浆颗粒直径就越大，所以在不影响产品溶解度的前提下，应尽量提高浓缩豆浆的干物质含量。

（5）压力喷雾干燥中，高压泵压力的大小是影响豆浆粉颗粒直径大小的因素之一。压力低，则豆浆粉颗粒直径大，但不影响干燥效果。

（6）离心喷雾干燥中，转盘的转速也会影响豆浆粉颗粒直径的大小。转速越低，豆浆粉颗粒的直径就越大。

（7）喷头的孔径大小及内孔表面的粗糙度状况也影响豆浆粉颗粒直径的大小及分布状况。喷头孔径大，内孔粗糙度高，则得到的豆浆粉颗粒直径大，且颗粒大小均一。

5. 豆浆粉的脂肪氧化味

一般大豆中含有18%的油脂，在加工过程中会有大量的游离脂肪产生。大量的游离脂肪氧化，会给豆浆粉成品带来浓重的油脂氧化味道，严重影响成品的气味。

（1）影响豆浆粉游离脂肪含量的因素

1）喷雾干燥前浓缩豆浆若采用二级均质法，可使豆浆粉中游离脂肪含量下降。

2）在出粉及豆浆粉输送过程中，应避免高速气流的冲击和机械擦伤。干燥后的豆浆粉应迅速冷却，采用真空包装或抽真空充入惰性气体的密封包装。产品应储存于适宜的温度下，这样可防止游离脂肪的增加；否则即使是质量较好的豆浆粉，由于处理和储存不当，也会使游离脂肪的含量大大增加。

（2）豆浆粉脂肪氧化味产生的原因及防止措施

1）豆浆粉脂肪氧化味产生的原因

①豆浆粉的游离脂肪酸含量高，易引起豆浆粉的氧化变质而产生氧化味。

②豆浆粉中脂肪在解脂酶及过氧化物酶的作用下，产生游离的挥发性脂肪酸，

使豆浆粉产生刺激性的臭味。

③豆浆粉储存环境温度高、湿度大或暴露于阳光下，易产生氧化味。

④灭酶不彻底。

2）防止措施

①严格控制豆浆粉生产的各种工艺参数，尤其是豆浆的杀菌温度和保温时间，必须使解脂酶和过氧化物酶的活性丧失。

②及时包装成品粉。

③保证产品包装的密封性。

④产品储存在阴凉、干燥的环境中。

⑤严格控制产品的水分含量在 2.5% 左右。

⑥严格执行灭酶工序的操作以及严格控制灭酶的工艺参数。

6. 豆浆粉的色泽较差

正常的豆浆粉一般呈淡黄色。豆浆粉的色泽受以下因素的影响：

（1）如果原料豆浆中碱的残余量过高，所制得的豆浆粉色泽较深。

（2）若豆浆中脂肪含量较高，则豆浆粉颜色较深。

（3）若豆浆粉颗粒较大，则颜色较黄；豆浆粉颗粒较小，则颜色呈灰黄。

（4）空气过滤器过滤效果不好，或布袋过滤器长期不更换，会导致回收的豆浆粉呈暗灰色。

（5）豆浆粉生产过程中，物料热处理过度或豆浆粉在高温下存放时间过长，会使产品色泽加深。

（6）豆浆粉水分含量过高，或储存环境的温度和湿度较高，易使豆浆粉色泽加深，严重的甚至产生褐色。

（7）脱皮率低，良好的脱皮可以缩短脂肪氧化酶钝化所需要的加热时间，降低储存蛋白的热变性，防止非酶褐变，赋予豆浆粉以良好的色泽。

（8）pH 值过高。pH 值高于 7.2 时，经高温杀菌，颜色很差；pH 值低于 6.5 时，色泽虽然很好，但容易造成蛋白沉淀。因此在高温杀菌、浓缩、喷雾干燥时注意控制豆浆的 pH 值在 6.5~7.0 之间，防止豆浆粉成品及半成品色泽的改变。

7. 细菌总数过高

豆浆粉成品和半成品中细菌总数过高主要与下列因素有关：

（1）加工过程中，生豆浆污染严重，细菌总数过高，杀菌后残留量太多。

（2）杀菌温度和时间没有严格按照工艺条件的要求进行。

（3）杀菌设备故障，使生豆浆混入杀菌豆浆中。

(4) 生产过程中，器具不洁，污染严重。

(5) 机械设备、管道容器缝隙刷洗消毒不彻底。

(6) 包装时造成的污染。

8. 杂质度过高

杂质度过高的原因有如下几点：

(1) 原料清选不彻底。

(2) 脱皮不彻底。

(3) 生产过程中受到二次污染。

(4) 干燥时热风温度过高，导致风筒周围产生焦粉。

(5) 分风箱热风调节不当，产生涡流，使豆浆粉局部受热过度而产生焦粉。

9. 豆浆粉加工中豆浆浆液的不稳定性

豆浆浆液是一种不稳定的分散系，在这个系统中蛋白质及大豆微粒形成悬浮液，脂肪形成乳浊液，糖、盐形成真溶液。长时间放置易出现分层等不稳定现象，而加工过程也会引起豆浆的不稳定性。因此要选择合理的工艺、合适的均质条件，操作要小心谨慎，提高豆浆的稳定性。

微生物的大量生长繁殖，对蛋白质等胶体物质分解及对pH值的改变，导致豆浆浆液的稳定性降低。因此在豆浆粉的加工生产中，要严格控制豆浆液中微生物的数量。

粒度也是引起豆浆不稳定的原因之一。当颗粒直径小于$0.2\ \mu m$时，豆浆液具备成稳定溶液的性质。因此大豆经研磨、均质后，不溶物质粒度应小于$0.2\ \mu m$。在豆浆粉加工中，要注意磨浆、均质的过程控制，细化豆浆液中的微粒。

10. 豆浆粉的异味

豆浆粉的异味主要包括：豆腥味、苦涩味、碱味等。

豆腥味、苦涩味主要来自大豆自身以及加工过程中产生的不饱和脂肪酸的氧化，而脂肪酶是促进不饱和脂肪酸氧化的主要因素；碱味主要来自磨浆过程中为提高大豆蛋白的提取率而加入的$NaHCO_3$，以及灭酶时加入的$NaHCO_3$溶液的残留。

(1) 严格按工艺要求执行灭酶工艺操作和参数控制，以保证灭酶的效果。

(2) 保证大豆脱皮率在95%以上。因为大部分脂肪酶存在于豆皮中。

(3) 严格执行真空脱臭的工艺操作和参数控制，以保证真空脱臭的效果。经过脱皮和灭酶处理的半成品，仍然不可避免地含有一些异味成分，真空脱臭可以最大限度地除去豆浆中的异味。

(4) 在调制工序中添加适量的豆腥味掩盖剂，可有效地掩盖腥臭味物质产生的不良味道。

(5) 控制好灭酶和磨浆过程中 $NaHCO_3$ 的添加量，严禁超量添加，并严格控制 $NaHCO_3$ 的残留。以避免豆浆粉产生碱味。

学习单元 2　企业产品质量标准的制定

一、企业产品质量标准的制定范围

企业在以下情况下需要制定企业产品质量标准：

1. 企业生产的产品，没有国家标准、行业标准和地方标准，应制定企业产品标准。

2. 为提高产品质量和促进技术进步，制定严于国家标准和地方标准的企业产品标准。

二、豆制品产品标准的制定

1. 豆制品产品标准的基本内容

豆制品产品质量标准的核心内容，是营养质量要求和食品安全卫生要求，但要达到制定豆制品产品标准的目的，只有核心内容是不够的。豆制品产品标准的内容还应包含以下几个方面：

(1) 原辅料。为了使所生产的产品达到预期的质量标准，必须选用满足相应质量要求的原辅料，因此，产品标准对生产所用原辅料也应有明确的规定。

(2) 为了判断、评定和检测产品是否达到了标准的要求，需要使用公认的判断、评定和检测方法，因此，产品标准对产品要求的各项指标的检测方法也应有明确的规定。

(3) 人们在选择豆制品时，卫生和营养质量往往难以通过肉眼来辨别，要了解产品，只有通过标志、标签和有关食品市场准入、质量认证的标志等才能实现，因此，产品标准对产品标志和标签也应有明确的规定。

(4) 为了保持产品质量，让消费者能够食用到符合标准要求的豆制品，产品标准对产品储藏和运输环境也应有明确的规定。

(5) 任何一个标准都不可能孤立地存在，与相关技术标准、文件存在着必然的联系，往往都要引用一些相关的标准和文件，因此，产品标准对规范性引用文件也应有明确的说明和规定。

2. 豆制品产品标准制定修订原则

（1）必须贯彻国家有关政策和法律法规

食品标准直接关系到国家、企业和广大人民的利益，国家的法律法规是维护全体人民利益的根本保证。因此，凡是国家颁布的有关法律法规都应贯彻。食品标准中的所有规定均不得与有关法律法规相违背。

目前，我国与食品有关的法律法规和部门规章有：《中华人民共和国标准化法》《中华人民共和国产品质量法》《中华人民共和国计量法》《中华人民共和国消费者权益保护法》《中华人民共和国食品安全法》《中华人民共和国食品安全法实施条例》《中华人民共和国农产品质量安全法》《中华人民共和国清洁生产促进法》《中华人民共和国环境保护法》《食品安全国家标准管理办法》《食品生产许可管理办法》《食品营养强化剂卫生管理办法》《定量包装商品计量监督管理办法》《食品营养标签管理规范》《转基因食品卫生管理办法》《有机食品认证管理办法》《禁止食品加药卫生管理办法》《相关产品新品种申报与受理规定》《农药管理条例》《兽药管理条例》《食品安全企业标准备案办法》等。这些法律法规和部门规章有些是直接关系到食品的安全（卫生）与质量，有些是间接关系到食品的安全（卫生）与质量，这些都是制定食品标准需要遵循的重要依据。

（2）积极采用国际标准

在制定豆制品产品标准时，有国际标准和国外先进标准的，要积极采用。采用国际标准实际上是一种技术引进，有利于消除贸易技术壁垒，促进国际间产品的贸易和经济合作。但采用国际标准时要充分考虑我国的国情、自然条件。由于国家安全、保护人民身体健康和安全、保护环境或技术问题，与国际标准存在一定的差异也是存在的。能等同采用的尽可能等同采用，不能等同采用的可以修改采用。采用国际标准应优先采用与食品标准有关的安全（卫生）、环保、原材料和检验方法标准。

制定产品企业标准时，应以现行相应的食品国家标准为准则，技术指标应严于现行国家标准、行业标准或地方标准。

（3）坚持统一性

统一性是标准编写及表达方式的最基本的要求。

统一性是指在每项标准或每个系列标准内，标准的结构、文体和术语应保持一致。

1) 标准结构的统一性。标准或部分之间的结构应尽可能相同。标准或部分中的章、条的编号应尽可能一致。一个企业的产品标准也应有自己的特色的统一性。

2) 文体的统一性。类似的条文应由类似措辞来表达，相同条文应由相同的措辞来表达。

3) 术语的统一性。在每项标准或系列标准内，某一给定概念应使用相同的术语。对于已定义的概念应避免使用同义词。每个选用的术语应尽量只有唯一的含义。对于相关标准，虽然不是系列标准也应该考虑统一性问题。

统一性有利于人们对标准的理解、执行，避免同样内容不同表达使标准使用者产生疑惑。更有利于标准文本的计算机自动化处理，乃至计算机辅助翻译更加方便和准确。

(4) 充分考虑使用要求和生产实际

产品生产的根本目的，是为了满足广大消费者的消费需求。因此，制定产品标准要充分考虑使用要求，要从消费者的实际需要出发来制定产品标准。也就是说，在编制豆制品产品标准时，要充分考虑豆制品产品的安全性、适用性（营养性）、嗜好性和方便性。满足使用要求应包括各方的使用要求，也就是说不但要满足使用者的要求，还要满足生产者以及检测者的要求，要保证生产工艺能够实现，也就是标准制定出来以后，企业能够通过技术手段来实现。

(5) 遵循技术上先进和经济上合理的原则

制定豆制品产品标准时，应力求反映科学研究、技术革新和生产实践的先进成果，只有这样，技术标准才能促进生产发展和技术进步。但任何先进技术的采用和推广都受着经济条件的制约。因此，要求产品标准技术先进，并不是盲目地追求高指标，还要考虑它的经济性，以符合我国的实际情况和消费者的需求。产品标准既要注重吸纳采用先进的技术成果，也要充分考虑经济上的合理性，提高技术标准水平必须与取得良好的经济效益统一起来。

(6) 坚持以科学试验和实践经验为基础

科学性是标准的最基本特性，标准反映了某一时期的科学技术发展水平。标准只有以一定的科学技术理论及科学试验为依据，并经生产实践的验证制定出来，才会具有可操作性，才能用先进的科学技术和生产经验促进生产力的发展。否则所制定的标准就有可能阻碍生产力的发展。

(7) 适时复审

标准具有时效性，它是特定的科学技术发展水平和特定的经济环境条件的产物，随着科学技术的快速发展和经济环境的改善，标准的不适应性会日益显现。因此一项新的豆制品产品标准发布后,标准的制定修订工作并没有结束,标准起草和编写部门还要适时对标准进行复审,特别是当新的国家食品标准发布后,与之相关的企业标准都要复审,以保证企业标准与新的国家标准的协调统一和有效。在没有新的食品标准发布的情况下,企业的豆制品产品标准也要定期进行复审。根据《中华人民共和国标准化法实施条例》和《企业标准化管理办法》的规定,企业标准的复审周期一般不超过三年。复审结果分为三种情况,确认有效、修订和废止。标准的批准发布部门应及时向社会公布标准的复审结果。

3. 制定豆制品产品标准的要求

(1) 在产品标准关于范围的章节中所规定的界限内按需要力求完整

标准的范围章节中划清了标准所适用的界限,而在标准的后续条款中应将范围一章所限定的内容完整地表达出来,不应只规定部分内容。"按需要"说的是需要什么,规定什么;需要多少,规定多少。并不是越完整越好,将不需要的内容加以规定,同样也是错误的。

(2) 标准的条文应用词准确、逻辑严谨

标准的条文应具有用词准确、逻辑严谨的文风。为使标准使用者易于理解标准的内容,防止不同人从不同的角度对标准内容产生不同的理解,在满足对标准技术内容完整和准确表达的前提下,标准的语言和表达形式应尽可能简单、明了、通俗易懂,避免使用模棱两可的词汇和方言,还应避免使用口语化的措词。

(3) 注重适用性

1) 标准的内容要便于实施。在制定标准时,标准中的每个条款都应具有可操作性,要便于标准的实施。

2) 标准的内容易于被其他文件所引用。标准的内容不但要便于实施,还要考虑到易于被其他标准、法律、法规或规章所引用。如果标准中某些内容有可能被引用,则应将它们编为单独的章、条,或编为标准的单独部分。

4. 豆制品产品标准制定的程序

标准制定是标准化工作的核心工作,要想有效地开展标准化工作,标准的制定就应该有计划、有组织、有秩序地按一定程序进行。豆制品产品标准的制定程序与一般标准的制定程序是一致的。借鉴世界贸易组织(WTO)、国际标准化组织(ISO)和国际电工委员会(IEC)关于标准制定阶段划分的规定,结合我国的实际情况,我国确立了国家标准的制定程序,即:预备阶段、立项阶段、起草阶段、征求意见阶段、审查阶段、批准阶段、复审阶段。企业标准的制定程序可以此为参照,在保证质量的前提下,可根据实际情况,简化各阶段的某些环节或步骤。

(1) 预备阶段

预备阶段是标准计划项目的提出阶段。

标准的制定,需预先提出项目建议。

标准的制定项目建议应包括:拟制定的标准名称和范围,标准草案或大纲,制定该标准的依据、目的、意义及主要工作内容,国内外相应标准及有关科学技术成就的简要说明,工作步骤及计划进度、工作分工,制定过程中可能出现的问题和解决措施,经费预算等。

(2) 立项阶段

确定制定标准的项目,通常称为标准立项。立项的目的是保证标准的统一性和协调性,避免标准的交叉和重复制定。

国家标准的立项,是根据《国家标准管理办法》,由国务院标准化行政主管部门提出编制国家标准年度计划,下发到国务院各有关行政主管部门和全国各专业标准化技术委员会。国务院标准化行政主管部门负责对各专业标准化技术委员会提出的项目建议进行审查、协调,确定项目任务书,必要时还可以对项目计划进行调整和增补(修改)。急需制定的标准项目可以进入标准制定修订快速程序。

企业标准由企业的有关部门提出制定修订标准立项申请,由企业法人或企业法人授权的负责人审批,批准后向各有关部门下达标准制定修订计划。

(3) 起草阶段

标准制定修订项目计划下达后,由标准的归口部门或标准项目提出部门组织标准制定修订工作小组,也叫标准起草组,负责标准的起草工作。标准起草组的成员应当由熟悉豆制品产品生产、检验、安全工作,有较丰富的实践经验和文字表达能力较好的专业人员组成。

标准起草阶段的主要工作任务是:通过调查研究,编制标准草案(征求意见稿)及其编制说明和有关附件。

1) 调查研究。各类技术资料是起草豆制品产品标准的依据,是否充分掌握有关资料,直接影响豆制品产品标准的质量。因此,起草阶段必须进行广泛的调查研究,通过调查研究主要收集以下几方面资料:

①国内外有关标准及法规。包括同一或同类标准化对象的各种技术标准及相关法律法规。

②国内外最新科技成果。包括有关科技文献、出版物、专利、科研成果等,由此获得大量的技术情报,掌握国内外相关科学技术发展的水平和趋势,准确地确定标准的技术水平。

③生产实践资料，生产的技术水平等。

④试验数据。列入标准的技术要求，必须以试验数据为依据，对标准的技术内容或技术指标，应进行反复的试验验证。

2) 起草征求意见稿和编制说明。对收集到的资料进行整理、分析、对比、选优后，根据标准化的对象和目的，按技术标准编写要求起草标准征求意见稿和编制说明。起草标准可由一个人执笔，也可分成若干部分分别由几个人起草，最后由一个人整理完成，经起草小组集体讨论后定稿。编制说明的主要内容包括：

①任务来源，起草单位，协作单位，主要起草人，工作概况。

②制定标准的必要性和意义。

③主要起草（工作）过程。

④制定标准的原则和确定主要技术指标、试验方法的依据。

⑤有争议条款的说明。

⑥采用国际标准或国外先进标准的程度，以及与国内外同类标准水平的对比情况。

⑦标准性质的建议：推荐性标准、强制性标准或条文强制标准。

⑧与现行法律、行政法规、标准的关系。

⑨其他应说明的事项。

⑩参考标准、文献、资料目录。

以上内容，依具体标准草案而定，不是所有编制说明都必须具备的。

(4) 征求意见阶段

标准草案征求意见是制定标准的重要环节，要做到周密、细致、完备。征求意见的期限一般不超过三个月。征求意见稿要经专业技术委员会或提出单位技术负责人审核同意后，方可对外征求意见。被征求意见的单位应是与本标准有密切关系的生产、使用、科研、监督检验单位及有关大专院校。制定标准人还应将标准草案（征求意见稿）分发给企业内有关部门并征求经销单位和顾客的意见，特别要注意征求对标准有分歧的单位的意见。征求意见时，要明确征求意见期限。被征求意见单位应在规定的期限内回复意见，逾期不回复的按无意见处理。回复意见涉及重要技术指标时，应附上必要的技术数据。

标准起草小组对返回的意见要汇总整理，逐条讨论，确定处理结果。对意见的处理应填写《意见汇总处理表》，作为审查会讨论的依据和报批标准的附件。标准起草小组依据处理结果，修改征求意见稿，提交标准归口部门或提出部门审查同意，形成标准送审稿。

(5) 审查阶段

国家标准的审查由各专业技术委员会组织有关专家进行，没有专业标准化技术委员会的，可由标准化行政主管部门和项目主管部门或提出部门共同组织审查。标准审查一要审查标准草案是否与国家有关法律法规、行政规章、强制性标准相抵触；二要审查技术内容是否符合实际和科学技术的发展方向，技术要求是否先进合理，是否符合市场需求等。审查标准送审稿，既可采取会审，也可采取函审。对技术内容复杂、涉及面广、分歧意见较多的豆制品产品标准宜采用会议审查；特殊情况或标准技术内容简单，意见分歧少，较成熟的标准可以采取函审。依据《关于加强强制性标准管理的若干规定》（国标委[2002]15号），强制性标准必须会议审查。参加审查会的代表应包括行政机关、生产、使用、经销、科研、检验以及大专院校等各有关方面的专家或长期从事与标准有关的科研、生产或检验工作，具有较丰富实践经验的人员。使用方面的代表人数不应少于1/4。会议审查如需表决，必须有出席会议代表人数的3/4同意为通过，标准起草人不能参加表决。函审时，应有3/4回函同意为通过，回函不足2/3的，应重新组织函审。企业标准的审查会由企业自行组织。

标准审查会应充分发扬民主，尽量听取各方不同意见，对代表提出的合理意见应积极采纳，对有分歧的技术内容可通过民主协商的方式达成一致意见。对在审查会上作出的主要修改意见，要形成会议纪要，修改内容较多的可作为会议纪要附件处理。对需要起草小组会后落实的内容，起草小组落实后要及时将落实的结果通知与会代表或专家。审查会结束后，起草小组应根据会议决定的修改内容，将送审稿改写为报批稿。

(6) 批准与备案阶段

标准报批稿上报后，由标准审查机构对上报材料进行审查，审查通过后，由标准化行政主管部门统一编号、批准、发布。国家标准由国务院标准化行政主管部门批准、发布；行业标准由国务院有关行政主管部门批准、发布；地方标准由省、自治区、直辖市标准化行政主管部门批准、发布；企业标准由企业法人代表或法人代表授权的主管领导批准、发布。经审查不符合要求的标准草案将予以退回。批准阶段的周期一般不超过四个月。涉及国际贸易的强制性食品标准，应根据我国关于《制定、采用和实施标准的良好行为规范》的承诺，向世界贸易组织（WTO）各成员国通报，自通报之日起60天之后，无反对意见，国务院标准化行政主管部门方可批准、发布。

企业产品标准批准发布后，须报当地有关卫生行政主管部门备案。

(7) 复审阶段

标准发布实施后,制定标准的部门应当根据科学技术的发展、生产的进步和消费者需求的变化,适时进行复审,以确认现行标准继续有效或者予以修订、废止。在我国标准化实际工作中,国家标准、行业标准和地方标准的复审周期一般不超过五年。随着科学技术的发展,标准的复审周期将越来越短。企业标准则应根据国家标准、行业标准和地方标准的更替,及时复审,复审周期一般不超过三年。

标准的复审结果分为:继续有效、修订或废止。国家标准、行业标准的复审工作应纳入专业标准化技术委员会或行业标准化归口部门的日常工作计划。各专业标准化技术委员会每年向国务院标准化行政主管部门报告标准的复审结论,国务院标准化行政主管部门应对报送的复审结论进行审查、确认和批复,并及时向社会公告。经复审确认继续有效的标准,其顺序号、年代号不变;重版印刷时,在国家标准的封面上、国家标准编号下写明"××××年确认有效"。需要修订的标准,应列入国家标准或行业标准制定修订计划,按照标准的制定修订程序进行修订;与国家现行法律法规、行政规章、强制性标准相抵触或内容已不适用当前的经济建设和科学技术发展需要的标准应予以废止。地方标准的复审由地方标准化行政主管部门提出复审计划,标准的提出或技术归口机构负责具体的复审工作,并应将复审结果报地方标准化行政主管部门确认和批复,复审结果由标准化行政主管部门向社会公告。企业产品标准由企业自行复审,复审后报当地卫生行政主管部门重新备案。

5. 标准的结构

(1) 豆制品产品标准的要素

豆制品产品标准和其他标准一样,尽管标准化的对象不同,范围各异,内容或多或少,但都是由各种要素构成的。依据不同原则可将标准中的要素划分为不同的类别(如图2—1所示)。

(2) 标准的结构层次

标准的结构层次,标准的层次划分和设置采用部分、章、条、段、列项和附录等形式。

1) 部分。一项标准一般有两种表现形式,即作为整体发布的单独标准和分为若干部分发布的标准。

通常情况下,针对一个标准化对象应编制成一项单独的标准,并作为一个整体发布实施。在我国国家标准中,单独的标准约占65%;而企业标准几乎都是单独标准。

但在一些特殊情况下,可在相同的标准顺序号下将一项标准分成若干部分。一般在下述情况下可以考虑将标准划分为部分:

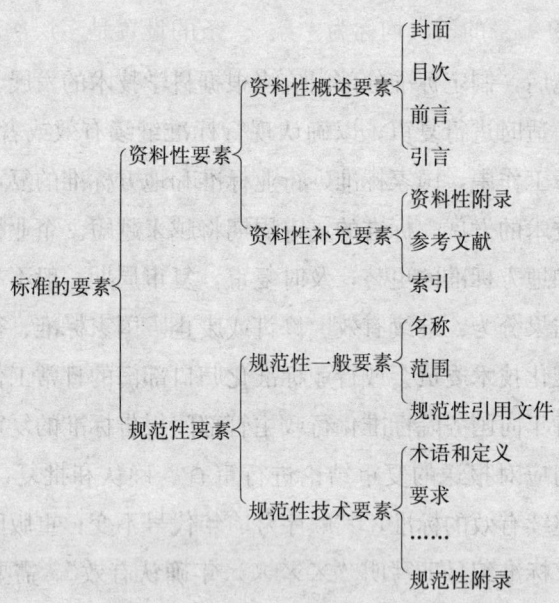

图2—1 资料性要素和规范性要素

①标准的篇幅过长；
②后续部分的内容相互关联；
③标准的某些部分可能被引用；
④标准的某些部分拟用于认证。

部分是一项标准被分别批准发布的系列文件之一，一项标准的不同部分具有同一个标准顺序号，它们共同构成一项标准。

部分的编号位于标准顺序号之后，用从"1"开始的阿拉伯数字编号。部分的编号与标准顺序号之间用下脚点隔开，如 GB/T 9833.1《紧压茶 花砖茶》，GB/T 9833.2《紧压茶 黑砖茶》，GB/T 9833.3《紧压茶 茯砖茶》等。标准部分的编号和章条的编号一样，都是标准的内部编号，只不过将它放在了标准编号中。

2）章。章是标准内容划分的基本单元，是标准或部分中划分出的第一层次，因而构成了标准结构的基本框架。

在每一项标准中章的编号应从"范围"一章开始，也就是说第一章应该是"范围"，用阿拉伯数字"1"编号。下面的每一章依次类推，第二章如果是"规范性引用文件"，用"2"编号，这种编号一直连续到附录之前。因为附录的编号另有规定。每一章都要有标题，标题在编号之后空一个汉字的位置，并与其后的条文分行。

3）条。条是对章的细分。

章以下所有有编号的层次均称为"条"。条的设置是多层次的，第一层次的条可分为第二层次的条，第二层次的条可分为第三层次的条，条一直可以分为五个层次。第一层次的条最好给出一个标题，标题位于编号之后空一个汉字，并与其后的条文分行。第二层的条是否设置标题应根据编写内容的具体情况处理。在某一章或条中，同一层次的条有无标题应统一。对于不同章中的条或不同条中的条，虽处于同一层次，是否设置标题却可以不一致。

条的编号使用阿拉伯数字加下脚点的形式，即层次用阿拉伯数字，两个层次的数字之间加下脚点。条的编号应在其所属章内及上一层次的条内进行。

条的设立应从以下两个方面考虑：

①条文有被引用的可能时；

②同一层次中有两个以上（含两个）的条时。

4）段。段是对章或条的细分。段没有编号，这是段与条的最明显的区别，也就是说段是章或条中不编号的层次。除了章只有一条内容的情况下，段一般都在每一条的下面。

在标准中应尽量避免出现"悬置段"。但标准中的一些引导语可以处于悬置状态，只要它们不会被引用。如术语和定义一章，往往在具体给出术语和定义之前，要有一段引导语，这些引导语是不会被引用的，所以可以处于悬置状态。

5）列项。列项是段的另外一种表示形式，没有编号，是编写标准时常常用到的一种方法，列项对于标准中某些内容的表述十分方便。列项可以用两种形式引出，一种是使用一个句子；一种是使用一个句子的前半部分，后半部分由列项中的内容来完成。

不论使用哪一种方式引出列项，都要在引出的句子（或句子的前半部分）的末尾加上冒号。

列项中的每一项前应加破折号或圆点。如果列项需要识别或者将被引用，则在每一项前加上后带半圆括号的小写拉丁字母序号，如 a)、b)、c) 等。

列项的条文中，一般只在最后一个列项的末尾使用句号，其他列项的末尾，使用分号。

6）附录。附录是标准层次的表现形式之一。

在起草标准时，下述情况常常使用附录：

①为了合理安排标准的整体结构，突出标准的主要技术内容；

②为了方便标准使用者对标准中部分技术内容的进一步理解；

③采用国际标准时，为了给出与国际标准的详细差异。

附录分为两类：一类为规范性附录；一类为资料性附录。

标准的附录是规范性附录还是资料性附录，从附录的前三行内容即可识别。

第一行是附录的编号。每一个附录都应有一个编号，编号由汉字"附录"和随后表明附录顺序的大写英文字母组成，字母由"A"开始，例如"附录 A"。如果是多个附录，依顺序是"附录 B""附录 C"等，两类附录（规范性附录、资料性附录）可混合在一起编排，附录的前后顺序完全取决在标准中被提及的先后顺序。当只有一个附录时仍应标为"附录 A"。

第二行是表明附录的性质。应注明是"规范性附录"还是"资料性附录"。

第三行是附录的标题。每个附录均应当有标题，以表明附录规定或陈述的具体内容。附录的标题应与标准条文中所表述或提及的内容相一致。例如，标准条文中提及："基础国家标准参见附录 B"，则附录 B 的标题就应该是"基础国家标准"。

附录中的章、条、表、图、计算公式的编号，由附录编号中的顺序号即大写英文字母和阿拉伯数字组成，大写英文字母后加下脚点。阿拉伯数字应从"1"开始，章、条、表、图的顺序号依照前面介绍的章、条编号规则。

6. 豆制品产品标准核心内容（规范性技术要素）的编写

规范性技术要素是豆制品产品标准的主体要素，是核心，其内容是反映豆制品产品标准的特性要求。

豆制品产品标准的规范性技术要素的内容构成有术语和定义、符号和缩略语、产品分类、要求、抽样、试验方法、检验规则、标志、包装、运输、储存及规范性附录等。

每一项标准的规范性技术要素不一定包括以上的全部内容，可以根据标准化对象的特征和制定标准的目的来合理地调整编排顺序。

规范性技术要素中的要求、抽样和试验方法是产品标准中相互关联的要素，必须考虑其综合协调性。

（1）术语和定义

术语和定义在标准中是可选要素，编写这一章的目的是为了给标准使用者提供方便，将标准中使用到的不易理解的术语一一列出并进行定义。对于通用术语，为了方便引用，常常是将它们制定成单独的术语标准或标准的单独部分。只有术语仅在一项标准内或部分内使用，或者是涉及的术语较少使用时，才将它们编制在"术语和定义"一章中。

如果标准中没有需要解释的术语，则不需要编制"术语和定义"一章。如果有"术语和定义"一章，一般应列在"规范性引用文件"一章之后。

(2) 符号和缩略语

和标准的术语一样，在编写标准时，常常要使用一些符号或缩略语。为了便于标准的使用者对标准中的某些符号、缩略语有共同的理解，可将它们集中进行解释或说明。

(3) 要求

要求要素是规范性技术要素中的核心内容。要求是指标准中表达应遵守的规定的条款。标准的种类不同，标准的对象不同，其具体包含的内容也有较大的差异。在产品质量标准中，要求一般作为一章列出，根据产品的实际情况再分为条。

豆制品产品的种类繁多，特性各异，一项标准不可能把豆制品产品所有的特性都表达出来。但作为食品，豆制品产品的功能性、安全性和嗜好性是最基本、最重要的特性。豆制品产品标准的要求通常要通过性能特性和描述特性共同表达。豆制品产品的性能特性主要是指豆制品产品的营养成分指标、功能成分指标、安全成分指标和微生物学指标等；豆制品产品的描述性特性指的是豆制品产品的外观、组织形态、色泽、风味等。豆制品产品的性能特性一般容易量化，而描述性特性则大部分不易量化。

豆制品产品标准的要求主要包括：

1) 原材料要求。对原材料的要求一般不列入产品标准中，为了保证产品质量和安全要求必须指定原材料时，且原材料有现行的标准，应该引用现行标准，规定使用性能不低于有关标准规定的原材料。如果没有现行标准则可以在规范性附录中对原材料的性能特性做出具体规定。

2) 感官要求。为表达食品的嗜好性，应对豆制品产品的外形、色泽、气味、滋味和组织形态等做出明确的规定。

3) 理化要求。理化要求应对豆制品产品的物理量化指标、营养成分指标、功能成分指标、安全成分指标做出明确规定。如比容、密度、粒度、水分、固形物含量、灰分、酸度、总糖、蛋白质、添加剂、重金属、农药残留等。

4) 微生物要求。应对豆制品产品中的微生物做出明确的限量规定。

标准的技术要求内容应反映产品达到的质量水平，也是企业组织产品生产和供用户选择产品的主要依据。对企业产品标准而言，一般鼓励所列技术指标要求高于现行的同类产品国家标准的技术指标要求。有害微生物指标和有害有毒成分指标必须等同于或严于国家强制性标准。

"要求"这一章的条款编排顺序，尽可能地与试验方法或者检验规则一章中检验项目的先后顺序协调一致，以便于引用和对照。当与要求对应的试验方法内容较为简单时,允许将"试验方法"要素并入"要求"要素中。章的标题为"要求与试验方法"。

(4) 抽样

一个产品是否符合相应标准的技术要求,是通过试验取得的供进行技术比较的特性值。每次试验可以得到一个试验结果,原则上讲这个试验结果就是针对被试样品的。而豆制品这类样品,试验完成后就不存在了,因此不能要求逐个进行试验,只能通过抽样试验,并应用统计方法原理,用样品测试获得的结果来评价它所代表的群体。

抽样又称为采样、取样,即指从一大批成品中取出一小部分作为"实验样品",供实验测试用的过程。

抽样是标准的可选要素,是豆制品产品标准中规范性技术要素应包含的一章内容。抽样一般应排在试验方法之前,因为试验(检测)的结果能否代表一批产品与抽样有直接关系。也可将抽样一章合并到检验规则或试验方法中,只要能保证抽取的样品与成品之间的一致性,满足接收还是拒收的判定规则就可以。

为了保证样本与总体的一致性,最大限度地降低产品质量误判的风险,在标准抽样要素中,应考虑以下内容:

1) 需要时应规定抽样条件。
2) 需要时应规定抽样方法。
3) 易变质的产品应规定储存样品的容器及保管条件。
4) 需要时应规定抽取样品的数量。

(5) 试验方法

试验方法是标准中的可选要素。对产品技术要求进行试验、测定、检查的方法统称为试验方法。试验方法是测定产品特性值是否符合规定要求的方法,并对测试条件、设备、方法、步骤以及对测试结果进行数据统计处理等作出统一规定。

(6) 检验规则

检验规则也称合格评定程序,是对产品试样和正式生产中的成品进行各种试验的规则。检验规则一般在产品质量标准中以独立一章来编写;若检验规则比较简单,可并入试验方法一章,这时章的名称可以称为"试验方法与检验规则"。

检验规则编写的内容主要包括:①检验分类;②检验项目;③组批规则;④判定原则和复验规则。也可把抽样一章放入检验规则里。

(7) 标志、标签与包装

标志、标签和包装是标准中的可选要素。编写这一部分的主要目的是为了在储存和运输过程中,保证产品质量不受危害和损失以及发生混淆。

1) 标志。产品的"标志"是用于识别产品及其质量、数量、特征、特性和使用方法所作的各种标志的统称,它包括图形、文字和符号。

豆制品产品标签和包装物上标志,是根据豆制品产品的特点,将有关法律文件和强制性标准的原则要求的具体化表现。其内容主要有:

①产品名称与商标。

②产品规格、净含量。

③执行的产品标准编号。

④生产日期或批号、保质期(安全使用期或失效日期)。

⑤配料表、产品主要成分及含量。

⑥质量等级。

⑦适用人群及食用方法。

⑧商品条码。

⑨产品产地、生产企业名称、详细地址、邮政编码及电话号码,生产许可证标记和编号。

⑩其他需要标志的事项,如质量体系认证合格标志、无公害食品标志、绿色食品标志、有机食品标志、市场准入标志等。

2) 包装。豆制品的包装与豆制品的质量和安全有直接关系,是保证豆制品质量的重要环节,包装必须满足食品生产企业卫生规范中的基本要求。

产品包装应实用、方便、成本低、有利于环境保护。其基本内容包括以下几个方面:

①包装技术和方法。说明产品采用何种包装(盒装、箱装、罐装、瓶装等)。

②包装材料和要求。说明采用何种性能的包装材料。

③对内装物的要求。说明规定内装物的包装量和摆放方式等。

(8) 运输与储存

储运是产品检验合格入库经销售到消费者手中的中间过程,这一过程要保证产品质量不出问题。

在运输方面有特殊要求的产品,标准中应规定运输要求。运输要求一般包括以下内容:

1) 运输方式。应指明采用何种运输方式。

2) 运输条件。主要规定运输时的要求,如车厢的温度、遮盖、密封等,以及运输过程中可能造成影响的其他因素。

3) 运输过程注意事项。主要是对装、卸、运方面的特殊要求等。

对豆制品等产品在储存方面应做出规定，如储存场所、储存条件、储存方式、储存期限等。

(9) 规范性附录

附录是标准层次的表现形式之一，是标准的可选要素。

标准的附录分为两种，一种是"规范性附录"，一种是"资料性附录"。

(10) 图与表

图与表是表达标准技术内容的重要手段之一。在适当的条件下，用图与表来表达标准的技术内容可以达到简明直观的效果，更便于标准的理解。在标准中，通常用图来反映标准化对象的结构形式、形状、工艺流程、工作程序和组织机构等；用表来表达标准化对象的技术指标、参数、统计分析、分类对比等。每幅图表在标准条文中均应明确提及。

三、企业产品质量标准样例

例：豆浆企业标准

（一）豆浆企业标准封面（略）

（二）前言

本标准由技术部提出并归口。

本标准起草部门：生产部。

本标准主要起草人：×××、×××。

本标准为首次制定。

正文如下：

豆　浆

1　范围

本标准规定了豆浆的术语和定义，技术要求，生产加工过程，检验方法，包装、标志和流通过程要求。

本标准适用于豆浆、调制豆浆及豆浆饮料。

2　规范性引用文件

本标准中引用的文件对于本标准的应用是必不可少的。凡是注日期的引用文件，仅所注日期的版本适用于本标准。凡是不注日期的引用文件，其最新版本（包括所有的修改）适用于本标准。

GB 1352　大豆

GB 2760　食品安全国家标准　食品添加剂使用标准

GB 5009.5　食品安全国家标准　食品中蛋白质的测定

GB/T 5009.183　植物蛋白饮料中脲酶的定性测定

GB 5749　生活饮用水卫生标准

GB 7718　食品安全国家标准　预包装食品标签通则

GB 14881　食品企业通用卫生规范

GB 14880　食品安全国家标准　食品营养强化剂使用卫生标准

GB/T 23346　食品良好流通规范

3　术语和定义

下列术语和定义适用于本标准。

3.1　豆浆 soymilk

大豆（不包括豆粕及粉）经脱皮或不脱皮，经浸泡或不浸泡，加水研磨、加热等使蛋白质等有效成分溶出，除去豆渣后所得的总固形物成分6.0%以上乳状液。

3.2　调制豆浆　modified soymilk

大豆或食用豆粕经浸泡或不浸泡，加水研磨使蛋白质有效成分溶出，除去豆渣后，添加或不添加豆油或其他的植物油脂、糖类、食盐等辅料，添加或不添加食品添加剂、食品营养强化剂，可采用高于巴氏杀菌或超高温灭菌等工艺过程制成的液体产品。包括调味豆浆和营养强化豆浆。调制豆浆的总固形物含量在6.0%以上。

3.3　豆浆饮料 soy beverage

调制豆浆、大豆蛋白粉（包括大豆豆浆液、豆浆粉、食用豆粕、去除豆渣的大豆植物蛋白粉等），添加或不添加果实的榨汁液（包括果肉及包含了果肉的汁液等）、蔬菜汁、乳及乳制品、其他杂粮谷物类粉末等加工成的乳状饮料（风味原料的固形物成分比大豆固形物成分少，添加果实的榨汁液的原料重量的比例应小于10%，不包括经乳酸菌发酵的饮料），总固形物含量在4.0%以上的产品。

4　技术要求

4.1　原辅料要求

4.1.1　大豆：应符合 GB 1352 的要求。

4.1.2　水：应符合 GB 5749 的要求。

4.1.3　其他原辅料：应符合相应的食品安全标准和/或有关规定。

4.2　感官要求

应符合表1的要求。

表1　感官要求

项目	要求		
	豆浆	调制豆浆	豆浆饮料
外观色泽	具有产品固有的色泽,色泽均匀	具有产品固有的色泽,色泽均匀	具有产品固有的色泽,色泽均匀
气味、滋味	具有豆香味,无异味	应具有该类产品应有的滋味、气味,无异味	应具有该类产品应有的滋味、气味,无异味
组织状态	呈均匀一致液体,可有少量沉淀物,无异物	呈均匀一致液体,可有与配方相符的辅料的沉淀物,无异物	呈均匀一致液体,可有与配方相符的辅料的沉淀物,无异物

4.3　理化指标

应符合表2的要求。

表2　理化指标

项目	指标				
	豆浆			调制豆浆	豆浆饮料
	浓型	普通型	淡型		
蛋白质/(g/100g) ≥	3.8	2.9	2.0	2.0	0.9
总固形物/(g/100g) ≥	8.0	7.0	6.0	6.0	4.0
脲酶定性	阴性				

4.4　食品安全指标

应符合相应的食品安全标准和/或有关规定。

4.5　食品添加剂和营养强化剂

4.5.1　食品添加剂和营养强化剂质量应符合相应的安全标准和有关规定。

4.5.2　食品添加剂和营养强化剂的使用应符合 GB 2760 和 GB 14880 的规定。

5　生产加工过程

生产加工过程应符合 GB 14881 的规定。

6　检验方法

6.1　感官要求

目测的方法检测,取适量试样置于 50 mL 烧杯中,在自然光下观察色泽和组织状态。闻其气味;用温开水漱口,品尝滋味。

6.2　蛋白质

按 GB 5009.5 规定的方法测定。

6.3　总固形物

取直径5～7 cm的玻璃器皿,加20 g精制海砂,在95～105℃环境干燥2 h,于干燥器冷却0.5 h,称量,并反复干燥至恒量;称取5.0 mL试样于恒量的器皿内,称量,置水浴上蒸干,擦去器皿外的水渍,于95～105℃干燥3 h,取出放干燥器中冷却0.5 h,称量,再于95～105℃干燥1 h,取出冷却后称量,至前后两次质量相差不超过1.0mg。试样中固体的含量按公式(1)计算:

$$X = (M_1 - M_2) / (M_3 - M_2) \times 100\% \tag{1}$$

式中 X——试样中总固体的含量,单位为克每百克(g/100 g);

M_1——器皿和海砂加试样干燥后质量,单位为克(g);

M_2——器皿和海砂质量,单位为克(g);

M_3——器皿和海砂加试样质量,单位为克(g)。

6.4 脲酶活性

按GB/T 5009.183规定的方法测定。

7 包装、标签

7.1 包装

7.1.1 包装材料应符合相应的食品安全标准及/或有关规定的要求,包装容器应大小合适,且确保产品在储藏和运输过程中不受污染。

7.1.2 包装密封完全,且外观良好。

7.1.3 使用罐装,内层涂料应符合食品安全及/或有关规定的要求,且应适当控制真空度。

7.1.4 使用瓶装,应保持真空状态。

7.2 标签

7.2.1 产品标签应符合GB 7718及有关规定。

7.2.2 产品名称应根据本标准第3章的规定标示分类名称,即豆浆(浓型、淡型、普通型)、调制豆浆、豆浆饮料。没有标明的豆浆产品为普通型豆浆。

8 流通过程要求

8.1 流通过程应按GB/T 23346规定执行。

8.2 除采用高温灭菌或保持灭菌的包装豆浆产品外,其他包装产品应在0～4℃储藏,销售环节应低于10℃。

第3章 豆制品产品开发及改进

第1节 市场调查

 学习目标

➢ 能提出市场调查的内容建议

➢ 能根据市场调查数据，分析国内外豆制品技术信息，并结合豆制品发展动态提出新产品开发、工艺改进建议

一、市场调查

1. 制订市场调查计划

调查计划，是人们为了达到一定的目标，按照科学的办法和方式，有计划地对某一情况、事件或问题进行全面了解，以便得出科学的结论。同时，找到行之有效的应对措施，提出合理建议的一系列活动安排。调查计划的操作步骤如下：

（1）确定调查项目

调查项目要根据自己调研的课题来设置，影响研究目标的因素都可以是调查项目。

1）市场状况调查。网站是一个集开放性、消费性、专业性、娱乐性为一体的，满足现代人文化消费需求的"B2C"平台。

2）消费者状况调查。根据调查问卷，反映产品是否能迎合消费者的需要。

3) 竞争者状况调查。由于当前国内经济的飞速发展，使得企业间的竞争也越来越激烈，要想在众多竞争者中脱颖而出，就要做精，这样就要抓住竞争者疏忽的地方大力发展自己。

4) 宏观营销环境调查。宏观营销环境调查的目的在于更好地认识环境，通过企业营销努力来适应社会环境及变化，达到企业营销目标。

5) 创业优劣势调查。抓住自己的优势，努力改变自己的劣势，互补加强。

(2) 确定资料来源

调查资料根据研究的具体内容来确定。根据资料来源，分为第一手资料和第二手资料。市场状况资料，从互联网、媒体等了解的市场状况为第二手资料，通过自己设定的消费者调查问卷了解到的消费者状况为第一手资料；竞争者资料也有第一手资料和第二手资料，第一手资料是将自己的销售情况总结和竞争者对比，第二手资料由其他资料或互联网得知。宏观营销环境调查主要是第二手资料。

(3) 确定调查对象

调查对象根据调研课题指向的研究对象来确定。市场状况主要由网络来调查；消费者状况主要由消费者的消费情况调查；竞争者主要由竞争者和网络结合调查；宏观环境由网络调查，不是人为所决定的。

(4) 安排调查时间

调查者要根据整个调查情况来安排调查的时间。要确定调查时间和阶段并根据调查的情况作出调整，以便及时获得调查的结果。时间的安排可以根据产品开发的情况及开发计划而定。

(5) 安排调查地点

调查地点的选择是一个相对比较简单的事项，调查地点可以在一个区域或多个区域。还可以通过企业的营销网络，选择有代表性的城市进行。

(6) 拟定调查方法

调查方法应根据调查对象的实际情况决定。调查方法主要分为实地调查法和资料调查法两种。

(7) 选择调查工具

调查工具是在收集资料来源时选择的。资料来源不同，所使用的调查工具也不同。第一手资料主要使用的是调查问卷，第二手资料主要使用搜索。第一手和第二手资料结合起来，即同时使用调查问卷和搜索，这样会收到更好的效果。

(8) 费用预算

调查的费用一般包括劳务费、问卷费、设备使用费等。这些应该在调查之前决定，由财务根据实际情况和本公司情况进行预算。

（9）安排调查分工

市场调查一般由小组或团队集体参加完成。在调查中，合理分工会达到更理想的效果，所以在调查计划中要制定调查分工。

2. 市场调查数据分析

（1）变量类型

在编码时我们已经提到过，问卷的每一个题目都可以看作是一个变量，由于所提问题的性质不同，对应的变量类别就不一样，变量的类别由低到高依次为：定类变量、定序变量、定距变量（定比变量）。

（2）对于缺失值的处理

在数据整理中，经常会碰到缺失值的问题。缺失值的数量过多的话，说明数据收集过程中存在着严重的问题。可以接受的标准是，缺失值的数量在10%以下。

（3）常用的统计方法

根据研究的目的与要求，要选择不同的统计方法。如果是对一个变量取值的归纳整理及对其分布形态的研究，用频数分析（计算百分比等）、众数、中位数、均值和标准差等方法或统计量来描述；对两个变量的相关性分析，可以用卡方分析、单因素方差分析、简单相关系数、一元线性回归分析等方法；对多个变量间的相关性分析，可以用多元线性回归、判别分析、聚类分析、因子分析等方法。

3. 市场调查报告的写作

（1）市场调查报告的特征

市场调查报告是经济调查报告的一个重要种类，它是以科学的方法对市场的供求关系、购销状况以及消费情况等进行深入细致的调查研究后所写成的书面报告。其作用在于帮助企业了解掌握市场的现状和趋势，增强企业在市场经济大潮中的应变能力和竞争能力，从而有效地促进经营管理水平的提高。

市场调查报告可以从不同角度进行分类。按其所涉及内容含量的多少，可以分为综合性市场调查报告和专题性市场调查报告；按调查对象的不同，有关于市场供求情况的市场调查报告、关于产品情况的市场调查报告、关于消费者情况的市场调查报告、关于销售情况的市场调查报告以及有关市场竞争情况的市场调查报告；按表述手法的不同，可分为陈述型市场调查报告和分析型市场调查报告。

（2）市场调查报告的格式

市场调查报告的内容结构一般由如下几部分组成：

1）市场调查报告的标题。标题是市场调查报告的题目，一般有两种构成形式：

公文式标题,即由调查对象和内容、文种名称组成,例如《关于2009年全国休闲豆腐干销售情况的调查报告》;文章式标题。即用概括的语言形式直接交待调查的内容或主题,例如《全国城镇居民大豆食品潜在消费动向》。

2) 市场调查报告的引言。引言又称导语,是市场调查报告正文的前置部分,要写得简明扼要,精炼概括。一般应交待出调查的目的、时间、地点、对象与范围、方法等与调查者自身相关的情况,也可概括市场调查报告的基本观点或结论,以便使读者对全文内容、意义等获得初步了解。然后用一过渡句承上启下,引出主体部分。例如《关于全国2009年休闲豆腐干市场的调查》的市场调查报告,其引言部分写为:"××××受××委托,于2010年3月至4月在国内部分省市进行了一次休闲豆腐干消费的市场调查。现将调查研究情况汇报如下",用简要文字交待出了调查的主体身份,调查的时间、对象和范围等要素,并用一过渡句开启下文,写得合乎规范。这部分文字务求精要,切忌罗嗦芜杂;视具体情况,有时亦可省略这一部分,以使行文更趋简练。

3) 正文。这部分是市场调查报告的核心,也是写作的重点和难点所在。它要完整、准确、具体地说明调查的基本情况,进行科学合理的分析预测,在此基础上提出有针对性的对策和建议。具体包括以下三方面内容:

情况介绍。即对调查所获得的基本情况进行介绍,是全文的基础和主要内容,要用叙述和说明相结合的手法,将调查对象的历史和现实情况,包括市场占有情况,生产与消费的关系,产品、产量及价格情况等表述清楚。在具体写法上,既可按问题的性质将其归结为几类,采用设立小标题或者摘要显旨的形式;也可以时间为序,或者列示数字、图表或图像等加以说明。无论如何,都要力求做到准确和具体,富有条理性,以便为下文进行分析和提出建议提供坚实充分的依据。

分析预测。即在对调查所获基本情况进行分析的基础上对市场发展趋势作出预测,它直接影响到有关部门和企业领导的决策行为,因而必须着力写好。要采用议论的手法,对调查所获得的资料条分缕析,进行科学的研究和推断,并据以形成符合事物发展变化规律的结论性意见。用语要富于论断性和针对性,做到析理入微,言简意明,切忌脱离调查所获资料随意发挥。

产品定位及营销建议。这层内容是市场调查报告写作目的和宗旨的体现,要在上文调查情况和分析预测的基础上,提出具体的建议和措施,供决策者参考。要注意建议的针对性和可行性,能够切实解决问题。

4) 结尾。结尾是市场调查报告的重要组成部分,要写得简明扼要,短小有力。一般是对全文内容进行总括,以突出观点,强调意义;或是展望未来,以充满希望的笔调作结。视实际情况,有时也可省略这部分,以使行文更趋简练。

(3) 市场调查报告的写作要点

1) 需要科学的市场调查方法。在市场经济中,参与市场经营的主体,其成败的关键就在于经营决策是否科学,而科学的决策又必须以科学的市场调查方法为基础。因此,要善于运用询问法、观察法、资料查阅法、实验法以及问卷调查等方法,适时捕捉瞬息万变的市场变化情况,以获取真实、可靠、典型、富有说服力的商情材料。在此基础上所撰写出来的市场调查报告,就必然具有科学性和针对性。

2) 真实准确的数据。由于市场调查报告是对市场的供求关系、购销状况以及消费情况等所进行的调查行为的书面反映,因此它往往离不开各种各样的数据材料。这些数据材料是定性定量的依据,在撰写时要善于运用统计数据来说明问题,以增强市场调查报告的说服力。

3) 充分有力地分析论证。撰写市场调查报告,必须以大量的事实材料作基础,包括动态的、静态的,表象的、本质的,历史的、现实的等,可以说错综复杂,丰富充实,但写进市场调查报告中的内容决不是这些事实材料的简单罗列和堆积,而必须运用科学的方法对其进行充分有力地分析归纳,只有这样,市场调查报告所作的市场预测及所提出的对策与建议才会获得坚实的支撑。

二、消费者市场与消费者行为模式

1. 消费者市场的含义和特点

消费者市场是个人或家庭为了生活消费而购买产品和服务的市场。生活消费是产品和服务流通的终点,因而消费者市场也称为最终产品市场。

2. 消费者市场的特点

(1) 广泛性

消费者市场人数众多,范围广泛。

(2) 分散性

消费者的购买单位是个人或家庭,每次购买数量零星,购买次数频繁。

(3) 复杂性

消费者受多种因素的影响而具有不同的消费需求和消费行为,所购商品千差万别。

(4) 易变性

随着市场商品供应的丰富和企业竞争的加剧,消费风潮的变化速度加快,商品的流行周期缩短,千变万化。

（5）发展性

科学技术不断进步，新产品不断出现，消费需求呈现出由少到多、由粗到精、由低级到高级的发展趋势。

（6）情感性

消费购买多属非专家购买，受情感因素影响大。

（7）伸缩性

消费需求受多方面因素影响，在购买选择上表现出较大的需求弹性或伸缩性。

（8）替代性

消费品种类繁多，不同品牌甚至不同品种之间往往可以互相替代。

（9）地区性

不同地区消费者的消费行为往往表现出较大的差异性。

（10）季节性

分为三种情况：一是季节性气候变化引起的季节性消费；二是季节性生产引起的季节性消费；三是风俗习惯和传统节日引起的季节性消费。

3. 消费者购买行为模式

消费者市场涉及的内容千头万绪，从哪里入手进行分析？市场营销学家归纳出以下7个主要问题：

(1) 消费者市场由谁构成（Who）？购买者（Occupants）是谁？

(2) 消费者市场购买什么（What）？购买对象（Objects）是什么？

(3) 消费者市场为何购买（Why）？购买目的（Objectives）是什么？

(4) 消费者市场的购买活动有谁参与（Who）？购买组织（Organizations）是什么？

(5) 消费者市场怎样购买（How）？购买方式（Operations）是什么？

(6) 消费者市场何时购买（When）？购买时间（Occasions）是什么？

(7) 消费者市场何地购买（Where）？购买地点（Outlets）在哪里？

由于后面7个英文字母的开头都是O，所以称为"7O"研究法。

4. 影响消费者购买行为的主要因素

消费者生活在纷繁复杂的社会之中，购买行为受到诸多因素的影响。要透彻地把握消费者购买行为，有效地开展市场营销活动，必须分析影响消费者购买行为的有关因素。

(1) 文化因素

包括：1) 文化；2) 亚文化；3) 社会阶层。

(2) 社会因素

包括：1) 相关群体；2) 家庭；3) 身份和地位。

(3) 个人因素

个人因素指消费者的经济条件、生理、个性、生活方式等对购买行为的影响。包括：1) 经济因素；2) 生理因素；3) 个性；4) 生活方式。

(4) 心理因素

消费者的购买行为受到动机、知觉、学习以及信念和态度等主要心理因素的影响。包括：1) 动机；2) 知觉；3) 学习；4) 信念和态度。

第 2 节　新 产 品 研 制

学习目标

➢ 能制定新产品开发、工艺改进方案
➢ 能根据方案选择设备、原辅料
➢ 核算生产成本

一、豆制品新产品研制过程中原辅料选择

1. 原辅料选择原则

豆制品新产品研发过程中对除大豆以外的原辅料选择应遵循以下原则：

(1) 必须在《食品安全法》的前提下根据有关法规选择。

(2) 依照营养平衡的原则选择。

(3) 依照加工的要求选择。

(4) 根据原料的物性特征进行选择。

2. 添加剂的使用

在豆制品新产品开发研制的过程中，使用添加剂是不可避免的，研发人员在选择添加剂时需要注意以下几点：

(1) 选择的添加剂必须符合《食品安全国家标准食品添加剂使用标准》（GB 2760）中规定的使用范围和使用量。

(2) 选择的食品添加剂包含在《食品安全国家标准食品添加剂使用标准》的目

录中，但是使用范围不包括豆制品的，或者使用范围包括豆制品但需要扩大使用量的，需要向卫生部申请该添加剂扩大适用范围。

(3) 选择的食品添加剂不包含在《食品安全国家标准食品添加剂使用标准》的目录中，则需要向卫生部申请新资源食品的申报。

3. 食品添加剂扩大使用范围和使用量的申报

(1) 需准备的材料

申请食品添加剂扩大使用范围和使用量，需要准备的材料有：

1) 需在卫生部卫生监督中心网站上下载并填写食品添加剂扩大使用范围或使用量申请表。

2) 拟添加食品的种类、使用量。

3) 使用拟申请的添加剂生产的食品的生产工艺。

4) 使用拟申请的添加剂生产的食品的标签（含说明书）样稿。

5) 国内外有关安全性资料及其他国家、国际组织允许使用的证明文件或资料。

6) 食品中该添加剂的检验方法及 3 批食品中该种添加剂含量的检验报告，如不能提供须说明情况。

7) 试验性使用效果报告。

8) 该添加剂的质量规格要求。

9) 使用该添加剂的工艺必要性证明。

10) 根据产品特性卫生部认为应提交的其他资料。

(2) 申报程序和工作时限

申请添加剂扩大使用范围或使用量需要经过初审、受理、评审、批准或不批准四个阶段，卫生部对外承诺的工作时限约为 90 个工作日。

4. 营养强化剂的使用

在豆制品新产品开发研制的过程中，有可能使用营养强化剂，研发人员在选择营养强化剂时需要注意：

(1) 使用食品营养强化剂必须符合《食品安全国家标准食品营养强化剂使用标准》（GB 14880）中规定的使用范围和使用量。

(2) 选择的食品营养强化剂包含在《食品安全国家标准食品营养强化剂使用标准》的目录中，但是使用范围不包括豆制品的，或者使用范围包括豆制品但需要扩大使用量的，需要向卫生部申请该营养强化剂扩大适用范围。

(3) 选择的食品营养强化剂不包含在《食品安全国家标准食品营养强化剂使用标准》的目录中，则需要向卫生部申请新资源食品的申报。

5. **食品营养强化剂扩大使用范围和使用量的申报**

（1）需准备的材料

申请食品营养强化剂扩大使用范围和使用量需要准备的材料：

1）需在卫生部卫生监督中心网站上下载并填写食品营养强化剂扩大使用范围或使用量申请表。

2）拟添加食品营养强化剂的种类、使用量。

3）使用拟申请的营养强化剂生产的食品的生产工艺。

4）使用拟申请的营养强化剂生产的食品的标签（含说明书）样稿。

5）国内外有关安全性资料及其他国家、国际组织允许使用的证明文件或资料。

6）食品中该营养强化剂的检验方法及 3 批食品中该种营养强化剂含量的检验报告，如不能提供须说明情况。

7）试验性使用效果报告、稳定性试验报告。

8）该营养强化剂的质量规格要求。

9）使用该营养强化剂的工艺必要性证明。

10）根据产品特性卫生部认为应提交的其他资料。

（2）申报程序和工作时限

申请营养强化剂扩大使用范围或使用量需要经过初审、受理、评审、批准或不批准四个阶段，卫生部对外承诺的工作时限约为 90 个工作日。

二、新产品加工设备选型和设计

新产品加工设备选型和设计主要包括以下内容：

1. 确定设备在生产工艺中要求的工艺条件。

2. 对可达到生产工艺要求的不同设备进行特点和性能的比较和分析。

3. 确定设备的生产能力。

4. 确定设备所需要的台数。设备选型应根据每一个品种单位时间（小时或分）产量的物料平衡情况和设备生产能力确定所需设备的台数，若有几种产品都需要共同的设备，并在不同时间使用时，应按处理量最大的品种来确定所需要的台数，对生产中的关键设备，除按实际生产能力确定所需的台数配备外，还应考虑有备用设备。

5. 确定设备的主要尺寸。

6. 确定设备的动力消耗。

7. 确定设备的材质。

8. 确定设备壁厚。

三、新产品加工设备选择的原则

一般来讲，食品生产设备大体可分四个类型：计量和储存设备、通用机械设备、定型专用设备和非标准专业设备。新产品加工选择设备必须按如下原则和要求选择：

1. 满足工艺要求，保证产品的质量和产量。

2. 选择技术先进，造型美观，机械化、连续化、自动化程度高的设备，注意设备利用率和成本核算。

3. 选用能充分利用原料、能耗少、方便、劳动强度小并能一机多用的设备。

4. 所选设备应符合食品卫生要求，接触部分用不锈钢或对食品无污染的材料，效率高、体积小、维修方便。

5. 设备结构合理，适应各种工作条件（温度、压力、湿度、酸碱度）。在温度、压力、真空、浓度、时间、速度、流量、计数和程序等方面有合理的控制系统，并尽量采用自动控制方式。

四、设备选择计算

食品工厂所用设备的生产能力，有些一看铭牌就可知道，但有些设备的生产能力随物料、产品品种、生产工艺条件等的改变而改变，例如流槽、输送带、杀菌锅等。因此，为满足生产要求，对有些设备的生产能力需要进行计算，不同设备的生产能力，可根据食品设备的专业书籍中的计算公式进行计算。如对大豆清洗的流槽，其生产能力按下式计算：

$$q_m = \frac{AVr}{m+1}$$

式中 q_m——原料流量，kg/s；

A——流送槽的有效截面积（水浸部分的截面积），m^2；

V——流送槽的流送速度，m/s，一般取 $V=0.5\sim1.0$ m/s；

r——混合物密度，kg/m^3；

m——水对物料的倍数（$m=5\sim6$）。

五、新产品的工艺设计

1. 产品方案

产品方案是工厂准备全年生产产品数量、生产周期、生产班次的计划安排。产品方案制定应遵循四个满足和五个平衡的原则。四个满足为：满足主要产品产量的要求；满足原料综合利用的要求；满足淡旺季平衡生产的要求；满足经济效益的要求。五个平衡为：产品产量与原料供应量要平衡；生产季节性与劳动力要平衡；生产班次要平衡；设备生产能力要平衡；水、电、汽负荷要平衡。

产品方案是最主要的计算基准，直接影响到设备的配套，车间的布置和占地面积，公用设施和辅助设施的规格、大小以及劳动力的定员等。

影响产品方案的主要因素有原料的供应情况和市场销售情况、配套设备的生产能力以及运作情况、冷库及半成品的加工措施、产品品种的搭配以及工厂的自动化程度。

2. 工艺流程

新产品工艺流程的确定是保证产品质量、提高设备利用率、降低生产成本、提高企业的经济利益的前提。确定原则如下：

（1）根据原料性质、产品的规格要求、相关国家标准拟定。

（2）注意经济效益，尽量选投资少、能耗低、成本低、产品收益率高的生产工艺。

（3）注意"三废"处理效果。

（4）产品在市场上有较强的竞争能力，有利于原材料的综合利用。

（5）对科研成果，必须经过中试放大后才能用于设计中。

（6）非定型产品，要待技术成熟后方可用到设计中来。

（7）结合实际条件，优先采用机械化、连续自动化作业线。

3. 新产品工艺设计注意事项

（1）工艺流程图一定要准确。新产品开发的工艺及流程图设计一定要科学合理。只有准确的工艺及流程图，才能生产出合格的新产品。

（2）工艺描述要详细。要详细描述新产品开发的生产工艺，包括每一道工序的操作步骤、技术参数、注意事项等。

（3）注重关键技术细节。对于关键技术、关键步骤、关键点等要特别说明，并严格执行。

4. 新产品工艺设计常见问题

新产品工艺设计过程中常见问题如下：

（1）制备工艺与配方不符。

（2）配方中的原料与工艺中所用的原料不符。

（3）工艺描述不清，缺乏技术参数。

(4) 工艺与原料主成分的化学性质不合适。

(5) 工艺与流程图不符。

(6) 流程图不正确。

(7) 流程图无特殊卫生要求。

六、新产品的质量设计

1. 制定企业新产品质量标准

企业制定新产品质量标准时，必须以《豆制品食品安全标准》为依据。同时在制定质量标准时要充分考虑新产品的质量特性，必须保证新产品达到质量标准可行性。新产品开发设计中质量标准的核心内容包括以下3个方面：

(1) 对原辅料的要求

原辅料是新产品质量是否符合试制样品要求的源头，原辅料的各项指标是否符合产品生产要求对稳定和提高产品的质量非常重要。

(2) 食品添加剂的要求

在新产品开发过程中为改善产品品质和色、香、味，以及为防腐和加工工艺的需要而加入添加剂。在豆制品新产品标准中为保证食品安全必须对食品添加剂的使用量进行规定。严格遵守国家标准规定的使用限量、使用范围。

(3) 产品要求

产品要求是新产品质量中最核心的部分，对产品的质量要求高低反映新产品的质量水平，尤其是理化指标应具有科学性、先进性和可操作性。

1) 感官要求。感官要求包括产品的外观尺寸、色泽、口感、气味及组织形态等。

2) 理化指标。理化指标是指产品的物理性质、物理性能、化学成分、化学性质、化学性能等技术指标，反映产品物理化学性质、含量，如新产品的蛋白质、水分含量等。

3) 卫生指标。卫生指标是反映食品食用卫生安全状况的指标，如大肠杆菌的含量标准、细菌总数的含量标准、真菌毒素、黄曲霉毒素、霉菌总数及致病菌含量等。

(4) 加工过程的要求

加工过程涉及的水源、化学品、与食品接触的表面的卫生、虫害的防治、交叉污染等直接影响豆制品产品的质量安全，所以在制定新产品企业质量标准时对生产加工过程要加强控制。

2. 新产品包装的设计

（1）新产品包装设计的程序

新产品包装设计的程序如图 3—1 所示。

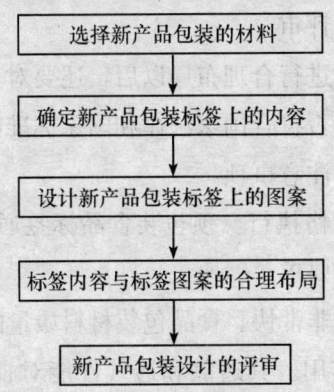

图 3—1　新产品包装设计的程序

（2）选择新产品包装的材料

新产品包装设计的第一步是合理选择产品包装材料。

根据所开发新产品的类型、规格、型号、状态、特征等因素，结合各类产品包装材料的特征，并充分考虑包装的先进性和新颖性，合理选择包装材料。

选择新产品包装的材料后，下一步是设计新产品包装标签上的内容。

（3）新产品标签设计的主要内容

根据《食品安全法》的要求，食品标签必须包含：食品的名称、规格、净含量、生产日期，成分或者配料表，生产者和（或）经销者的名称、地址、联系方式，保质期，产品标准代号，储存条件，所使用的食品添加剂在国家标准中的通用名称，生产许可证编号，法律、法规或者《食品安全标准》规定必须标明的其他事项。专供婴幼儿和其他特定人群的主辅食品，其标签还应当标明主要营养成分及其含量。

（4）设计新产品包装标签上的图案

确定了新产品包装的材料及标签内容后，就要进行标签上图案的设计。

标签上图案设计的主要内容包括：商标的名称及图案，代表企业文化或地方特色或产品特征的各种图形、符号，注意事项，环保提示等。

标签上图案的设计要规范合理，并要符合国家的有关规定和标准要求。

（5）标签内容与标签图案的合理布局

设计了新产品包装上标签的内容和标签的图案以后，下一步就要对标签内容与标签图案进行合理的布局。

布局时，要充分发挥每一个设计者的想象力，凝聚每一位设计者的智慧，合理并合法的设计整个标签的布局。

(6) 新产品包装设计的评审

对标签内容与标签图案进行合理布局以后，还要对其进行合理的评审。评价是否满足设计的要求，评价是否符合国家法律和国家标准的要求等。

(7) 新产品包装设计的注意事项

新产品包装设计必须严格执行《预包装食品标签通则》《食品标识管理规定》及《产品标识标注规定》等要求。

食品包装材料的发展也非常快。食品包装材料质量的优劣，对食品的保鲜及其保质期都起着非常关键的作用。其透氧和透气性能对食品的保鲜有直接影响，因此，在食品包装材料的选择上，一定要选择合适的包装材料，并且考虑到包装材料的新颖性和先进性。

七、成本核算

新产品成本计算及价格测算方法有很多种。从豆制品生产企业实际出发，可以采用预先制定目标价格。产品价格设定要倒推，零售价格定多少才有竞争力，利润留多少才有更大的优势，最后预定新产品的生产成本上限不能超过多少。并将新产品的预定生产成本目标分解成各成本项目的目标成本，新产品在设计时就以各目标成本为依据，设计配方、制定工艺流程、计算生产费用等。除此之外，还要对新产品的销量、利润作初步预估，对研发费用作初步预算。按照销量预估费用，要进行新产品盈亏平衡点的计算，测算企业在上这个新品多长时间、销售量达到多大量才能实现损益平衡，产品最终可否盈利，利润率有多少。

另外一种方法就是多数企业日常应用的方法，即企业根据生产特点和成本管理的要求，确定成本核算对象，汇集生产费用，计算产品的生产成本，包括总成本和单位成本。企业计算产品生产成本，通常应当设置原材料、燃料和动力、工资及福利费、车间经费、企业管理费五个成本项目。

原材料：包括构成产品实体的原料、主要材料以及有助于产品形成的辅助材料。

燃料和动力：包括直接用于产品生产的外购和自制的燃料和动力。

工资及福利费：包括直接参加产品生产的工人工资以及按规定计算提取的职工福利费。按规定计入成本的原材料和燃料节约奖，也包括在本项目内。

车间经费：包括生产车间为管理和组织本车间生产所发生的各项费用。

企业管理费：包括厂部为管理和组织全厂生产所发生的各项费用。

食品工业企业大多采用品种法来进行成本计算，主要适用于大量大批的单步骤生产、大量大批的封闭式多步骤生产和按流水线组织的多步骤生产企业。

新产品的成本控制是一项系统工程，一旦产品配方确定后，需要考虑生产过程各道工序、各个工段及各种因素可能对其带来的影响，必要时应该做出相应的调整，其中包括配方调整。

八、新产品研制的案例

【例3—1】

果汁豆浆饮料研制案例

1. 市场调研

20世纪80年代，果汁豆浆饮料在发达国家发展十分迅猛。在美国，1988年产值为150万美元，1990年达5 000多万美元，1996年达1.2亿多元，到1999年达3亿美元，年增长率保持在30％以上，1999年果汁豆浆饮料约占大豆食品销售额的25％；在日本，2003年，市场仅果汁豆浆饮料一个产品的销售额就达233亿日元，日本全年的豆浆饮料消费量在18.2万吨左右，人均消费接近2公斤。韩国果汁豆浆的产量在2003年是19万吨，人均消费4公斤，比日本还多一倍。中国台湾地区的人均消费量更高，豆浆和豆浆饮料合计达到5公斤。豆浆是我国的传统食品，但是由于工艺技术等方面的原因，我国的豆浆类新产品——果汁饮料行业起步较晚，加上生产技术的门槛和投资规模所限，豆浆类产品无论在数量和规模上都无法与牛奶相比，并在较长的一段时期仍停留在市场培育期。有数据显示，目前全国涉足豆浆类生产的企业约150家，但行业年增长率仍远低于全国饮料行业20％的增长水平。相对于牛奶市场过千亿的销售额，豆浆行业依然十分弱小。自2008年年底"三聚氰胺"事件以后，牛奶市场受到了一次重大打击，一些人开始选择喝豆浆。但随着时间推移以及牛奶生产厂家大力度的打折促销，牛奶销量已经有了一定程度的恢复，不过，和以往的热卖相比，牛奶专柜略显冷清。豆浆行业有着良好的发展潜力，鉴于此，开发各种消费者喜爱的、口感好、携带方便的豆浆类新产品，对扩大豆制品消费，保障居民膳食平衡具有深远的意义。

2. 新产品任务书

编制豆浆饮料开发任务书，明确产品类别、产品标准、主要技术性能及参数、时间节点、成本价等初始目标。要充分考虑产品开发的可行性，会同生产部、技术部、质量部、采购部等部门共同开发，各部门工作节奏要协调，这样才有利于新产品开发工作的顺利进行。

（1）任务来源

××××年×月×日，公司产品开发部经过前期的市场调研、风险评估以及前期的技术分析，向公司提出果汁豆浆新产品开发申请并获通过。现已立项（项目令号：××××—××）。

（2）任务基本内容

1）基本情况（略）

2）产品口味、规格包装及目标市场

①产品口味：橙汁豆浆、黑加仑豆浆。

②规格包装：利乐包 250 mL、1 500 mL。

③目标市场：城市时尚年轻人。

（3）开发原则

1）以原有豆浆生产线为基础，加入必要的混合均质设备。

2）生产中严格按工艺要求及产品质量标准进行原材料的组织。标准采用就高不就低的原则。

3）所生产的产品必须由质量部门认可后方能进行批量生产。

（4）检验、试验要求

1）产品检验

必须先制定检验规则，质检处必须按照检验规则进行产品的检验，并做好相应记录。

2）检验方法和检验标准按照国家规定的有关标准执行。

（5）生产要求

1）试生产的产品，必须经质量部门认可后方可进行生产。

2）库存量必须要严格控制。

（6）开发、生产进度

（略）

（7）产品质量目标

（略）

×××公司产品开发处

编制：×××

日期：××××年××月××日

3. 配方设计

果汁豆浆饮料是在豆浆中添加果汁后调制而成的。

由于豆浆的主要成分是大豆蛋白，呈酸性时（pH值5左右）便会出现沉淀、分层现象。因此，制造果汁豆浆饮料时必须要添加增稠剂，以防止果汁豆浆成品出现沉淀和分层。我们选择使用果胶作为增稠剂，果胶是一种安全的天然添加剂，在我国《食品添加剂使用卫生标准》规定中所有食品中都能使用，而且加入果胶能改善风味。

（1）配方

豆浆（大豆固形物成分≧8%，大豆蛋白含量≧3.8%）	27
砂糖	1.00
果胶	0.3
柠檬酸钠	0.2
果汁（果实）	10
柠檬酸	0.5～0.8
水	52.5
香料	适量

（2）生产工艺

果汁豆浆的生产工艺过程如下：

原料→浸泡→磨浆→煮浆→浆渣分离→调制→均质→杀菌→包装

1）制浆

前处理工序按前述方法进行，通过控制加水量得到所要浓度的生浆。生浆进入煮浆机进行煮浆，完全煮开后用离心机进行分离，并通过150目筛网进行过滤，得到熟浆。

2）调制

①将果胶、砂糖、柠檬酸钠放入干燥的容器中混合。

②将混合物边倒入60℃的热水中边搅拌，冷却到5～10℃备用。

③将溶液②添加进搅拌的豆浆（5℃～10℃）中去，继续搅拌5～7 min。

④在果汁中添加柠檬酸，调整酸度，然后加到正在搅拌的豆浆中。

3）均质

料液经过均质可破碎脂肪球、蛋白质大颗粒，使饮料口感细腻，并防止脂肪上浮，成为稳定的乳浊液，该工序是生产果汁豆浆饮料不可缺少的。将物料加热到

70℃~80℃进行均质，一般生产中采用两次均质，第一次均质压力约 20 MPa~25 MPa，第二次约为 25 MPa~40 MPa。

4) 杀菌

果汁豆浆饮料由于富含蛋白质、脂肪、糖，是细菌的良好培养基，经调制均质后的果汁豆浆应尽快进行杀菌。杀菌工序最关键的工艺参数是杀菌温度和杀菌时间。加工中常用的杀菌方法有3种，即常压杀菌、高温高压杀菌和超高温瞬时杀菌。冷藏保存、冷链销售、保质期15天左右的产品可采用常压杀菌。豆浆经常压杀菌只能杀灭致病菌和腐败菌的营养体。常压杀菌的豆浆在常温下存放，由于残存耐热菌的芽孢发芽成营养体，并不断繁殖，产品一般不超过 24 小时即出现败坏。因此，常压杀菌豆浆保质期较短。加压杀菌是将豆浆装于玻璃瓶中或复合蒸煮袋中，装入杀菌釜内分批杀菌。加压杀菌普遍采用杀菌温度121℃、恒温 10~20 min 的工艺规程。加压高温杀菌有用蒸汽杀菌和水杀菌2种方式。超高温瞬时灭菌是将未包装的豆浆在130℃以上的高温下，经数十秒的时间，然后迅速冷却、灌装。该灭菌方法既显著提高了豆奶的色、香、味等感官质量，又能较好地保持豆浆中一些不稳定的营养成分。因此，超高温瞬时灭菌近年来被越来越多的豆浆生产厂家所采用。超高温瞬时杀菌分为蒸汽直接加热法和间接加热法，目前我国普遍使用的均为板式热交换器间接加热法。其杀菌过程大致可分为三个阶段，即预热阶段、超高温杀菌阶段和冷却阶段，整个过程均在板式交换器中完成。

5) 包装

包装：果汁豆浆的包装形式很多，常见的有玻璃瓶、塑料瓶、复合袋包装等。一般常压杀菌和加压高温杀菌采用玻璃瓶或复合蒸煮袋包装，先包装后杀菌。采用超高温瞬时杀菌，则是先杀菌后包装，包装采用无菌包装的方式进行，包装形式多采用利乐包型或塑料瓶装等。用塑料瓶包装时，瓶子和瓶盖都必须先灭菌，均质后的料液在温度高于80℃时，迅速、准确地连续灌装封瓶。

(3) 实验室试验

按照以上配方和工艺进行实验室试验，以确定产品配方和工艺。

实验室试验时，超高温灭菌设备和无菌灌装设备比较昂贵，因此实验室杀菌一般采用常压杀菌、高温高压杀菌方式。

(4) 保质期的确定

一般产品的保质期可以通过以下方法进行试验，以确定产品的保质期。

一般设置三个温度，将样品分别存放于5℃、25℃、37℃三个恒温箱中。5℃的样品作为标准样品或对照样品；25℃的样品作为模拟货架上的样品；37℃的样品作为环境破坏性样品。每隔 5 天左右对 37℃条件下的样品进行品评，品评时与 5℃的样品进行比较。当 37℃下的样品出现与 5℃的样品有较大差异或出现不能被接受的差异时，37℃条件下的样品停止实验，那么在 37℃条件下样品存放的时间乘以 3 得到的时间即为产品的大致保质期。25℃条件下的样品继续进行实验，当 25℃下的样品也出现与 5℃条件下的样品相比不能接受的差异时，25℃条件下的实验也停止，其保存的期限作为产品的实际保质期。

果汁豆浆的保质期试验应分成三块：微生物、外观、口感，应分别比较。微生物预测较简单；外观主要是发现产品是否有变色、沉淀、分层问题，试验时首先要根据产品配方、工艺、经验预期最可能出现的问题，如无色饮料的变黄、有色饮料的退色、果肉纤维的沉淀加剧及分层，用 37℃与冷藏样来预测沉淀分层问题，25℃与冷藏样来预测变色问题。口感要分是否柑橘属、是清淡还是浓郁风味，模拟市场销售环境来预测。

另外保质期实验也可用优选法进行。所谓优选法就是利用数学原理为指导，合理安排试验，以尽可能少的试验次数尽快找到生产和科学试验中最优方案的科学方法。又称黄金分割法；或称 0.618 法。比如，果汁豆浆饮料保质期试验时，如果 37℃下保质 30 天时，发现早已变质，则可选用 30×0.618，即 18.5 天重新做此试验；如果仍已变质，再用 18.5×0.618，即约 11.5 天进行试验，而如果在 18.5 天还没有变质，则可用 30 天减 18.5 天后的数乘以 0.618 再加上 18.5 天，即约 25 天做此实验。如此反复，就可以以最少的实验次数，取得最佳的实验数据，从而确定产品的实际保鲜数据。

（5）成本分析

按日产 12 吨果汁豆浆生产能力核算，每班（8 小时）生产 6 吨，每天两班，每包容量为 200 mL（200 g），每班生产 30 000 包，每天 60 000 包，总成本核算见表 3—1：

表 3—1　　　　　　　　　日产 12 吨果汁豆浆成本核算表

序号	项目名称	单位	数量	单价（元）	合计（元）	备注
1	黄豆	kg	370	5.00	1 850.00	固形物 8%的豆浆液占 27%，大豆出浆率 70%
2	白糖	kg	720	5.70	4 104.00	白砂糖 6%
3	浓缩橙汁	kg	1 200	8.00	9 600.00	浓缩汁占 10%，每吨浓缩橙汁约 8 000 元

续表

序号	项目名称	单位	数量	单价（元）	合计（元）	备注
4	添加剂	kg	36	20.00	720.00	稳定剂 0.3%
5	灭菌剂	kg	108	4.00	432.00	场地、设备、包装灭菌
6	电费	度	1 200	1.00	1 200.00	
7	水费	吨	30	3.00	90.00	
8	黑白膜	个	60 000	0.18	10 800.00	
9	加工人工工资	人	16	60.00	960.00	月工资 1 800 元
10	销售工资	人	4	80.00	320.00	每人月工资 2 400 元
11	其他	天	1	1 200.00	1 200.00	运输、广告宣传费用等
12	设备折旧	天	1	185.00	185.00	100 万设备 15 年折旧
13	管理费用	天	1	600.00	600.00	
	合计				¥32 061	每包总成本 0.53 元

以上为每包果汁豆浆的成本价，如销售价格为¥1.50元/包，批发价为¥0.90元/包，则每天营业额为¥54 000元，净利润为¥22 200元。

第4章 培训与指导

第1节 培 训

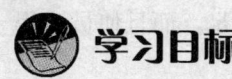 学习目标

➢ 能编制专项培训计划
➢ 能对三级豆制品工艺师进行工艺规程培训

一、技术培训的目的和意义

在激烈的市场竞争条件下,一个企业要想有长足的发展,就必须有人才、技术、信息、资源作支撑,其中技术人才素质对企业发展发挥着不可估量的作用。有效的技术培训使员工的知识、技能与态度明显提高与改善,由此提高企业效益,获得竞争优势。

1. **技术培训能提高员工的工作能力**

员工培训使其更好地胜任现在的日常工作及未来的工作任务。传统上工作能力的培训重点一般放在基本技能与高级技能两个层次上,但是未来的工作需要员工更广博的知识,学会知识共享,创造性地运用知识来调整产品或服务的能力。

2. **技术培训有利于企业获得产品竞争优势**

面对激烈的竞争:一方面,企业需要越来越多的复合型经营人才;另一方面,培训可不断积累高技能人才,提高企业新产品研究开发能力。

3. 技术培训有利于改善企业的产品质量

毫无疑问，通过有效的技术培训，使员工素质、职业能力提高并增强，将直接提高和改善工作质量。通过技术培训能改进工艺技术人员的工作表现，降低成本；还可增加员工的安全操作知识；提高员工的劳动技能水平；增强员工的岗位意识，增加员工的责任感，规范生产安全规程；增强安全管理意识，提高工艺技术管理者的管理水平等。

4. 技术培训有利于高效工作绩效系统的构建

今天的员工已不是简单接受工作任务，提供一般性工作，而需要参与提高产品与服务质量的团队活动。在团队工作系统中，员工扮演许多管理性质的工作角色。他们不仅具备运用新技术获得提高客户服务与产品质量的信息、与其他员工共享信息的能力，还具备人际交往技能和解决问题的能力、集体活动能力、沟通协调能力等。

5. 技术培训可以满足员工实现自我价值的需要

在现代企业中，员工的工作目的更重要的是为了"高级"需求——自我价值实现。培训不断教给员工新的知识与技能，使其能适应或能接受具有挑战性的工作与任务，实现自我成长和自我价值，这不仅使员工在物质上得到满足，而且使员工得到精神上的成就感。

二、培训计划的编写

一般而言，培训计划是根据需要培训的对象专门制定的一套方案，以达到提升工艺技术水平的目的。根据培训对象不同，可制定长期培训计划及短期培训计划。长期培训计划大多比较注重于针对培训对象进行系统的，从基础理论知识到实际操作过程的多方面的提升；而短期培训计划大多注重于针对现实中短缺的知识或技能进行补充，以达到能力提升的目的。制订培训计划，需要确定以下几个方面：

1. 确定培训目标

培训目标的设置有赖于培训需求分析。通过分析，我们明确了解培训对象未来需要从事某个岗位，若要从事这个岗位的工作，现有岗位和预期职务之间存在一定的差距，消除这个差距就是我们的培训目标。有了目标，才能确定培训内容、时间、教师、方法等具体内容，并可在培训之后，对照此目标进行效果评估。

培训目标是企业培训方案的导航灯。有了明确的培训总体目标和各层次的具体目标，对于培训指导者来说，就确定了施教计划，为实现目的而积极教学；对于受训者来说，明确了学习目的之所在，才能具有积极的态度，朝着既定的目标而不懈努力，达到事半功倍的效果。相反，如果目的不明确，则易造成指导者、受训者偏离培训的期望，造成人力、物力、时间和精力的浪费，提高了培训成本，从而可能导致培训的失败。

2. 设置培训内容

设置培训内容的先决条件是课程的开发。培训内容的设置编写，要充分分析和了解培训对象的需求，利用企业现有资源确定目标，组织课程内容，决定课程实施方案，进行课程评价。同时需要讲授者对自己的教学实践进行反思，也就是说要求授课者将自己的教学活动和课堂情境作为研究的对象，对教学行为和教学过程进行批判地、有意识地分析和总结。从而发现适合自己的教学方式和教学风格，最终提高自身的教学水平和研究能力。

培训工作是针对企业、职工的实际需求。因此，作为对企业工艺技术人员的培训，必须开发出一系列适合学员口味的课程，让他们能够学有所用。

对企业工艺技术人员的培训，应重视企业的生产工艺特点，具有实用性和发展性，能密切联系生产实际，开阔学员知识视野，锻炼和提高职业能力，促进职业素质的提高，使学员的文化知识素质、专业技能素质和劳动技术素质全面提高。

对企业工艺技术人员的培训内容应具有研究性，应贴近授课者和学员的实际，能真正调动学员学习和教师授课的主动性、积极性。

3. 确定课时

所谓课时就是达到某一培训目标所需的授课时间。课时的确定，一是根据培训的内容，二是根据培训对象的现实水平。设计合理的课时，可以在最短的时间内达到教学的目标。

4. 组织考试

组织考试，一方面能检查受训者对培训内容的掌握程度，另一方面可以发现和找出其他的培训需要，并据此改善原有教学方法或制定新的培训措施与计划。

豆制品工艺技术培训考试试题的形式不是固定的，可以多种多样。一般传统的试题可以包括以下几种形式：

（1）填空题及简答题

优点：试题容易编制，答案不能猜测，特别适合于考核学员对术语、工艺数据、生产加工方法、工艺原理和工艺过程等实际知识的记忆和理解。

缺点：不适宜测量复杂的学业成绩和综合素质，有时评分困难。

编写原则：答案既简洁又不引起歧义；空白长度相等；每道题空白地方不太多，一般在3个以内；空白处所填内容应为需要记忆的关键词或数字；不从课本抄写。

（2）选择题

选择题包括单项选择题和多项选择题。

优点：试题涉及的内容广泛，可以有较多的题量考核；评分客观，信度高；评卷容易、方便。

缺点：测量认知领域最低层次的学习结果，综合评价能力不如论述题适宜；命题要有专门技巧，且费时；死记硬背；随意猜测能选中正确答案。

编写原则：词干应当提供足够的信息，预见可能的回答，词干中应尽可能地包含；选择中要重复的词语词干避免用否定的表达；正确答案不要模糊有争议；分散选择；不要从书本上抄下问题；正确答案不要包括"以上都是"或"以上都不是"的回答；考核内容应当是有意义的事实和概念，而不是零碎的信息。

（3）是非判断题

是非判断题是让学生判断真伪的陈述句或疑问句。

优点：命题容易，记分客观，出题取样广泛。

缺点：只能测量低层次的学习结果（知识和理解水平），猜中的概率高达50%。

编写原则：避免广泛、琐碎的一般陈述；避免复杂的长句；是、非陈述的长度应大致相等；数目应大致相等；试题中避免使用"所有"或"总是"、"有时"这样的词语；避免用否定和重复否定的陈述；避免从教材中照抄句子。

（4）讨论题/论述题

优点：自由作答，包括方式、资料、组织资料形式、回答的重点等。适用性强；可以测量理解、应用和分析层次的能力；测量学生选择资料进行综合、评价的能力。

缺点：内容真实性低，评分困难，分数可靠性低，书写能力会影响分数。

设计论述题的注意事项：测试卷应在使用前就设计好；要检查所提问题内容的真实性；问题陈述要清楚，避免出现模棱两可的问题。

5. 评价

对培训工作进行评价可以：

（1）确定培训是否达到了预期目标。

（2）查找教学工作长处和不足。培训机构应全面掌握并控制教学质量，总结工作中成功的经验，对不合格的教学，应及时发现并纠正。同时本着不断改进教学质量的原则，把培训工作越办越好。

(3) 评价学员能否胜任实际工作。

(4) 为主管部门决策提供所需的信息。

培训工作评价表见表 4—1：

表 4—1　　　　　　　　培训工作评价表

培训项目			学员姓名		
培训方式			培训师		
对老师的评价	老师敬业程度	□优	□好	□尚可	□劣
	讲授水平	□优	□好	□尚可	□劣
	讲授方式	□十分生动	□生动	□一般	□不生动
	联系实际	□联系密切	□有些联系	□无联系	
	老师对学员要求	□非常严格	□严格	□不严格	
对教材的评价	教材适用性	□适用	□基本适用	□不适用	
	教材难度	□较难	□适中	□较简单	
	教材逻辑性	□合理	□适中	□不合理	
对培训组织者的评价	培训内容	□优	□好	□尚可	□劣
	培训方式	□优	□好	□尚可	□劣
	培训时间	□太长	□适合	□不足	
	培训设施	□优	□好	□尚可	□劣
	培训收获	□较大	□一般	□较少	□无
	建议：				

三、三级豆制品工艺师培训计划编写实例

豆腐生产工艺技术培训计划。

1. 培训目标

通过本次培训的理论知识学习和操作技能训练，使学员能全面掌握豆腐生产技术，并能解决生产过程中出现的工艺及产品质量问题。

2. 培训对象

企业入厂三年以内的工艺技术人员及生产线上工人。

3. 培训内容及课时分配

(1) 豆腐生产的工艺流程及主要设备性能（2个课时）。

(2) 豆腐生产中各工段的工艺规程（3个课时）。

(3) 影响豆腐产品质量的主要因素（2个课时）。

(4) 常见的豆腐质量问题（2个课时）。

4. 豆腐生产工艺技术培训试卷（略）

四、工艺规程培训

1. 工艺规程的编写

(1) 定义

工艺规程是指为生产一定数量成品所需起始原料和包装材料的数量，以及工艺加工说明、注意事项，包括生产过程中控制的一个或一套文件。

(2) 制定原则

工艺规程制定原则为：每一个产品均应有工艺规程。

(3) 制定依据

根据产品注册资料及国家相关法规的要求；内控标准和方法的制定则取决于产品研究开发过程中积累的技术数据、工艺验证和生产过程日常监控的结果。

(4) 制定部门

工艺规程一般由研究与开发部门制定，生产部门执行并由质量管理部门负责监督管理，不设工艺开发部门的企业可由生产部门起草，技术部门复核，质量管理部门审查批准。

(5) 主要内容

工艺规程的主要内容根据如下实例说明。

【例4—1】

内酯豆腐工艺规程

1. 大豆及辅料验收：选择果粒饱满整齐的新鲜大豆，清除杂质和去除已变质的大豆。辅料应该符合相应标准。

2. 储存：大豆以及辅料应分类储存在原料和辅料仓库，不得与有毒有害物品储存在一起。

3. 浸泡：浸泡前应该清洗干净，浸泡时要定时搅拌，浸泡条件（时间、温度、pH值）应该根据气温、水温的高低，品种、水质和生产品种等因素而定。气温越低，大豆的浸泡时间就越长，在夏季由于气温高浸泡时间一般在4～6 h；冬季则在8～20 h，浸泡时长根据黄豆的浸泡程度来判断。判断方法：用手掐开豆瓣，断面浸透无硬心，内表面平整，稍有塌坑，则表明已浸泡充分，可停止浸泡进入下一道工序。使用前用水冲洗干净，把余水沥净，执行先浸泡先使用的原则。

4. 筛选：去除烂豆，霉豆。

5. 磨浆：将浸泡好的黄豆通过水选除杂送入储存槽以备磨浆，及时清理掉石块等杂质，以防进入磨浆机损坏设备并给产品造成口感不良后果。将黄豆放入磨浆机进行磨浆，用水量约为黄豆量的8～9倍。磨好的豆浆与豆渣分离后进入煮浆工序。

6. 过滤：要先粗后细，分段进行。

7. 煮浆：煮浆的关键是要把豆浆完全煮开，以去除黄豆中的皂角素、生涩味以及大部分细菌，钝化各种酶类，保证产品品质。煮浆时皂角素会引起假沸现象，为保证加热彻底，一定要将豆浆完全煮开。采用连续煮浆工艺，出浆温度大于95℃，煮浆时可以添加消泡剂，消泡剂的添加量为千分之一，不得超过千分之三（以黄豆质量计）。

8. 过滤：筛浆的目的是去除掉豆渣以及异物。用100目的尼龙筛网振动过滤，使用前筛网要检查筛网的完整度，结束后再检查筛网的完整度。并检查有无异常的异物。如果发现异常异物，必须马上汇报有关负责人。

9. 冷却：煮好的豆浆进入板式交换器进行冷却。

10. 点卤：将葡萄糖酸内酯先溶于冷水中，然后尽快加入冷却好的30℃左右的豆浆中，葡萄糖酸内酯添加量为豆浆的0.2%～0.3%。

11. 豆浆灌装：冷却后的豆浆灌装到一定规格的豆腐盒中。

12. 杀菌：加热凝固，加热温度大于80℃，时间在50 min。每周对杀菌机传送带传送速度进行一次验证，记录产品从进入杀菌机到从杀菌机出口出来时的时间，检验其是否符合产品杀菌工艺要求，并将检验结果一并记录。

13. 冷却：冷水槽冷却50 min，不得在没有冷却到既定时间就拉出发货。

14. 入库发货：产品经感官验收剔除不合格品后入0℃～10℃冷库存储，待发货。

质量要求：

1) 产品呈盒豆腐特有的色泽，乳白色。
2) 具有豆制品特有的香味，无异味或酸味。
3) 包装袋封口无皱折，或者漏气现象。产品内在无外来杂质。

注意事项：

1) 操作过程中注意包装膜不能够使用错误，包装时产品的生产日期应打印正确。

2) 上岗时要穿戴整洁的工作衣帽。

3) 上班时不准戴耳环、戒指，不得涂口红、染指甲。

4) 不准穿工作服到厕所，返岗时要洗手。

2. 讲课的技巧

豆制品技术培训主要面向的是企业的专业技术人员。为保证授课质量，作为讲课老师需要了解学员的特点，掌握一定的培训技巧。

(1) 成年人学员的特点

成人学员与在校学生不同，他们在学习知识技能时具有以下特点：

1) 只学他们想要学的知识技能，目的性明确。

2) 学习过程中一般从自身的经验出发。

3) 具有独立思考能力和独立的见解。

4) 学而时"忘"之，掌握知识不牢固。

5) 对学习环境的要求较高。

(2) 讲课的技巧

一位好的培训教师除了要具备丰富和扎实的专业知识外，讲课的技巧也非常重要。讲课的技巧包括：好的开场白；平稳顺畅的过渡；简洁明了的总结；提问和回答的技巧；善于利用视觉教具。

1) 要有好的开场白。开场白一般通过问候、自我介绍开始，主要包括以下几方面的内容：

①礼貌性的问候，自我介绍，再配合场合、目的等内容进行说明等。

②介绍课程名称，目标。

③询问学员期望。

④介绍上课方式。

⑤介绍教材使用方法。

2) 讲话技巧

①培训教师的讲话技巧。这里所指的是讲话技巧指的讲课及讨论时的技巧，因此与一般讲话的技巧不同。沟通的目的在于表达者将自己的观念向对方进行说明，而获得所预期的目标。我们可以说所谓的讲课就是：一个说话的人（也就是培训教师）向特定或不特定的多数对象（如学员），以语言为主要媒介，用较长的时间，来进行传输，以达到自己观念转移的一种行为。

关于讲课，如从听众的立场来讲，听众有不听的自由，也有误解的权利；语言不见得能够完全达到说话的人所期望的功能。我们在日常沟通上所使用的方法除了语言以外,还有别的传达方法(如手势,动作,表情)。但即使你使用这么多的方法,仍免不了沟通困难或误解、曲解。更不用说同时听你说的对象极多,如何能获得同样反应的讲课状况了。因此,你必须在讲话上下工夫。不要有"我说了人家就会懂"的心理,而且也不能全然不理会听众的吸收能力。

②讲话的要素

a. 语调要有变化,要清楚。强调之处要加强语气或重复,强调之处要有顿挫及表情。语尾不要消失,往往重要的话在语尾部分,若消失了语尾,可能会使学员误会语意。避免模棱两可的语气,要肯定。肯定或否定语气要分明、在讲话中不要使用太多"但是""所以"等连接词。注意自己的口头禅,避免双重否定。否定的否定,结果是肯定,易造成听者的错觉。

b. 讲话的速度与间隔。如果讲话速度不变,给学员的印象也会很差。所以有必要做笔记的部分,可慢慢的说,而较简单的部分可轻轻带过。

c. 声音的抑扬顿挫。抑扬太少,会降低人们的印象,太多又予人以表演的感觉。提高音调适用于提出疑问及强调某些重点时;降低音调适用于叙述某件事实,讨论某件很严肃的事,或指责学员时非常有效。

d. 音量应视学员人数,教室大小,授课时间及内容来控制。可事前练习音量,但应注意空屋和室内坐满了人的音效差别。无论如何,原则上"语调适中,不急不缓"是不会错的。

3) 表达技巧

①有效表达应注意的事项

a. 有效表达的基本原则。记住开场白和结论,不要看稿子。站上讲台时要气定神闲,有权威感。正式讲授之前暂停一会,眼光在学员身上扫视一遍。在学员中选几位友善的面孔,开始讲课后保持微笑,和学员保持良好的视线接触。必须看笔记本上的重点提示时,先暂停说话,低下头,看好之后抬头,再继续说话。双手的高度保持在腰际,手势要自然,身体不要僵硬。要面对学员,不要背对他们。重要的地方,说话速度要放慢。适度的暂停,好让学员消化听到的内容。音调的高低要有变化,以凸显重点。句子要短,一口气说一句话。结束时明确的让学员知道,然后稳步下台。

b. 非口语表达应有的正面讯息。非口语表达可丰富表达内容,加强表达效果。脸部——随时准备倾听、微笑、嘴部放松、眼睛——良好的视线接触(照顾全场)、头部直立;上下点头,头部与手势——自然展开;动作在腰部以上身体姿态——自然放松;平衡站姿,声音要抑扬顿挫。

②表达时应避免的事项

a. 僵硬的身体姿势。
b. 身体摇晃不已,单脚着地抖动或者双手插进口袋。
c. 无目的的移动双脚,走来走去。
d. 不由自主地敲击讲台。
e. 盯着稿子或天花板看。
f. 嘴唇紧绷,下巴肌肉紧缩。
g. 缺乏视线接触或只做局部接触。
h. 手遮着嘴,玩弄教鞭或粉笔。
i. 声调平缓,单调,无强调感。
j. 虚字词语,如"呃""喔""嗯"等不必要的口头词太多。

第2节 指 导

 学习目标

➢ 能对三级豆制品工艺师进行业务指导

一、对三级豆制品工艺师技术论文的指导

1. 技术论文的概念

技术论文是科技论文的一种。指工程技术人员为报道工程技术研究成果而撰写的论文,是应用国内外已有的理论来解决设计、技术、工艺、设备、材料等具体技术问题而进行的技术性研究。技术性论文对工程技术的进步和生产力的提高起着直接的推动作用。这类论文具有技术的先进性、实用性和科学性。

2. 技术论文的写作

(1) 题名

题名应以简明、确切的词语反映文章中最重要的特定内容,要符合编制题录、索引和检索的有关原则,并有助于选定关键词。中文题名一般不宜超过20个字,必要时可加副题名。英文题名应与中文题名含义一致。

(2) 作者署名和工作单位

作者署名是文责自负和拥有著作权的标志。作者姓名署于题名下方，团体作者的执笔人也可标注于篇首页地脚或文末。英文摘要中的中国人名和地名应采用《中国人名汉语拼音字母拼写法》的有关规定；人名姓前名后分写，姓、名的首字母大写，名字中间不加连字符；地名中的专名和通名分写，每分写部分的首字母大写。对作者应标明其工作单位全称，同时，在篇首页地脚标注第一作者的作者简介，内容包括姓名，性别，出生年月，学历，职称，研究方向，城市名及邮编。

(3) 摘要

论文都应有摘要（3 000字以下的文章可以略去）。摘要的写作应符合《文章编写规则》（GB 6447）的规定。摘要的内容包括研究的目的、方法、结果和结论。一般应写成报道性文摘，也可以写成指示性或报道——指示性文摘。摘要应具有独立性和自明性，应是一篇完整的短文。一般不分段，不用图表和非公知公用的符号或术语，不得引用图、表、公式和参考文献的序号。中文摘要的篇幅：报道性的300字左右，指示性的100字左右，报道指示性的200字左右。英文摘要一般与中文摘要内容相对应。

(4) 关键词

关键词是为了便于做文献索引和检索而选取的能反映论文主题概念的词或词组，一般每篇文章标注关键词3~8个。关键词应尽量从《汉语主题词表》等词表中选用规范词——叙词。未被词表收录的新学科、新技术中的重要术语和地区、人物、文献、产品及重要数据名称，也可作为关键词标出。中、英文关键词应一一对应。

(5) 分类号

为便于检索和编制索引，建议按《中国图书馆分类法》对每篇论文标注分类号。一篇涉及多学科的论文，可以给出几个分类号，主分类号应排在第1位。

(6) 引言

引言的内容可包括研究的目的、意义、主要方法、范围和背景等。应开门见山，言简意赅，不要与摘要雷同或成为摘要的注释，避免公式推导和一般性的方法介绍。引言的序号可以不写，也可以写为"0"，不写序号时"引言"二字可以省略。

(7) 论文的正文部分

论文的正文部分系指引言之后，结论之前的部分，是论文的核心，应按《科学技术报告、学位论文和学术论文的编写格式》（GB 7713）的规定格式编写。

1) 层次标题。层次标题是指除文章题名外的不同级别的分标题。各级层次标题都要简短明确,同一层次的标题应尽可能"排比",即词(或词组)类型相同(或相近),意义相关,语气一致。各层次标题一律用阿拉伯数字连续编号;不同层次的数字之间用小圆点"."相隔,末位数字后面不加点号,如"1","2.1","3.1.2"等;各层次的序号均左顶格起,后空1个字距接排标题。其他列项用1),2),3),…,或a.,b.,c.,…。

2) 图。图要精选,应具有自明性,切忌与表及文字表述重复。图要精心设计和绘制,要大小适中,线条均匀,主辅线分明,图元的画法要符合国家标准。图中文字与符号均应植字,应保证缩尺后文字的大小为6号至新5号之间。坐标图标目中的量和单位符号应齐全,并分别置于纵、横坐标轴的外侧,一般居中排。横坐标的标目自左至右;纵坐标的标目自下而上,顶左底右。坐标图右侧的纵坐标标目的标注方法同左侧。图中的术语、符号、单位等应与表格及文字表述所用的一致。插页图版可另编页码,且须在图版上方标识文章的题名和所在页码。图应有以阿拉伯数字连续编号的图序(如仅有1个图,图序可定名为"图1")和简明的图题。图序和图题间空1个字距,一般居中排于图的下方。

3) 表。表要精选,应具有自明性。表的内容切忌与插图及文字表述重复。表应精心设计。项目栏中各栏标注应齐全。若所有栏的单位相同,应将该单位标注在表的右上角,不写"单位"二字。表中的术语、符号、单位等应与插图及文字表述所用的一致。表中内容相同的相邻栏或上下栏,应重复示出或以通栏表示,不能用"同左""同上"等字样代替。表一般随文排,先见文字后见表。表若卧排,应顶左底右。表应有以阿拉伯数字连续编号的表序(如仅有1个表,表序可定名为"表1")和简明的表题。表序和表题间空1个字距,居中放在表的上方。

4) 数学式和反应式。文章中重要的或后文要重新提及的数学式、反应式等可另占一行,并用阿拉伯数字连续编序号。序号加圆括号,右顶格排。数学式需断开,用2行或多行来表示时,最好在紧靠其中符号=,+,-,±,×,/等后断开,而在下一行开头不再重复这一符号;反应式需断开,用2行或多行来表示时,最好紧靠其中符号→,=,+等后断开,而在下一行开头不再重复这一符号。式中的反应条件应用比正文小1号的字符标注于反应关系符号的上或下方。化学实验式、分子式、离子式、电子式、反应式、结构式和数学式等的写作,应遵守有关规定;结构式中键的符号与数学符号应严格区别,如单键"—"与减号"-",双键"=="与等号"="等不应混淆。

5) 量和单位。应严格执行《量和单位》(GB 3100~3102—93)规定的量和单位的名称、符号和书写规则。

量的符号一般为单个拉丁字母或希腊字母,且不论大写小写一律采用斜体(pH 例外)表示。如有必要,可在量符号上附加角标,以便标明不同情况,如:同一符号表示不同的量;同一个量有不同的应用;表示不同的量值;表示量的特性或测量过程。表达量值时,在公式、图、表和文字叙述中,一律使用单位的国际符号,且均用正体。单位符号与数值间要留适当间隙。不许对单位符号进行修饰,如加缩写点、角标、复数形式,或在组合单位符号中插入化学元素符号等说明性记号等。

在插图和表格中用特定单位表示量的数值时,应当采用量与单位相比的形式,如:L/m,m/kg,p/Pa。不能把 ppm,ppb,ppt 等缩写字作单位使用。词头不得独立使用,也不能重叠使用,如 μm,不能用 μ;pF,不能用 $\mu\mu F$。组合单位的分母中通常不加词头,一般也不在分子分母同时加词头。如 kJ/mol 不写成 J/mmol,MV/m 不写成 kV/mm。

6) 数字用法。凡是可以使用阿拉伯数字且很得体的地方,均应使用阿拉伯数字。请参照《出版物上数字用法的规定》(GB 15835—1995)。公历世纪、年代、年、月、日和时刻用阿拉伯数字。年份不能简写,如 1997 年不能写成 97 年。日期和时刻可采用全数字式写法,如 2001 年 2 月 8 日为:2001－02－18 或 20010218;时刻的写法,如 15 时 9 分 38 秒写成 15:09:38。计量和计数单位前的数字应采用阿拉伯数字。多位的阿拉伯数字不能拆开转行。百分数范围:20%～30%不能写成 20～30%。偏差范围:(25±1)℃不能写成 25±1℃,(85±2)%不能写成 85±2%.

7) 外文字母的书写。应特别注意外文字母的正斜体、大小写和上下角的表示。特别是手稿中易混淆的外文字母如:a, α; B, β; C, c; K, k, κ; O, o, 0; P, p; r, γ; S, s; U, u; V, v, υ; w, ω; X, x, χ; Y, y; Z, z, 2 等,外文字母的上下角一定要跟正文有所区别。

(8) 结论。结论是文章的主要结果、论点的提炼与概括,应准确、简明、完整、有条理。如果不能导出结论,也可以没有结论;而进行必要的讨论,可以在结论或讨论中提出建议或待解决的问题。

(9) 参考文献著录格式

1) 连续出版物的著录格式

标引项顺序号:作者.题名[J].刊名,出版年份,卷号(期号):起止页码(外名可缩写,缩写后首字母大写,并省略缩写点)。

2) 专著的著录格式

标引项顺序号:作者.书名[M].版本(第一版不标注).出版地:出版者,

出版年：起止页码。

3) 论文集的著录格式

标引项顺序号：作者．题名［C］．见（英文用In）：主编．论文集名．出版地：出版者，出版年：起止页码。

4) 学位论文的著录格式

标引项顺序号：作者．题名［D］．保存地点：保存单位，年份。

5) 专利的著录格式

标引项顺序号：专利申请者．题名［P］．国别：专利文专利号，发布日期。

6) 技术标准的著录格式

标引项顺序号：起草责任者．标准代号 标准顺序号—发布年 标准名称［S］．出版地：出版者，出版年。

7) 报告

标引项顺序号：报告人．题名［R］．会议名称，会址，年份。

二、对三级豆制品工艺师考察报告的写作指导

1. 考察报告的概念及作用

考察报告的概念有广义与狭义之分。广义的考察报告是指作者为了了解某地区的基本情况，或者为了获取某项科研任务的科学数据或证据，根据一定的科学标准，亲自进行考察活动，并在此基础上写成文章，如考察散记、考察札记、考察日记，以及一些学术性的报告等，统称为考察报告。

科研人员要为某项科研任务获取科学数据，也需要亲自进行实地考察——对事物的内部的活动规律进行考察，对有关资料进行考察，否则无法得出科学的结论。

2. 考察报告的分类及特点

考察报告可以从不同的角度去分类。以报告的对象为依据，可分为地质地貌考察报告，古生物考察报告，考古考察报告，卫生防疫考察报告，生产力发展考察报告等，每门学科都可以成为考察对象，写出考察报告。

以写作特点为基准，可分为概貌介绍型考察，考证型考察，论证型考察，学术型考察等。

人们习惯上常把单门学科的考察报告称为专题性考察，把二门以上学科联合考察写成的报告称为综合性考察。报刊上常见的是专题性考察报告和综合性考察报告。

我们这里着重从写作特点的角度分类，讨论各类不同考察报告的特点及其

写作。

(1) 概貌介绍型考察报告

概貌介绍型考察报告常用于自然资源与社会文化的综合考察。作者经过实地考察后将被考察地区的各方面的基本情况介绍出来。它的作用是，让人们对该地区的概貌有清楚的了解，同时也为上级领导开发利用自然资源，制定有关政策或措施，提供科学依据。

概貌介绍型考察报告的第一个特点是具有普查性、综合性，考察对象广泛。考察地区的面积、地形、气候、河湖、工农业、交通运输、文教卫生等都是考察对象，有必要时还需要考察该地区的民俗风情。

概貌介绍型考察报告的第二个特点是"记游性"。首先是指介绍概况要有鲜明的真实性。如介绍地质地貌、政治经济文化状况，山川古迹，物产资源、建筑特征、民俗风情等，必须有鲜明的真实性，绝不允许"合理"想象或夸大。考察报告以其真实性，使读者对该地区有一个正确的认识。其次，是指有优美的形象性。记叙概貌时既可以用说明、记述的方法，也可以用描写的方法，灵活地运用多种表达方法将概貌考察写得既清晰明了，又优美形象，从而使读者在得到知识的同时获得美感。"记游性"的另一个特点是指清晰的踪迹。概貌介绍型考察报告，往往是以作者的考察足迹来组成全文的结构，层次井然有序。

概貌介绍型考察报告的文体特点更接近散文文体，而不是严格意义上的应用文体。诸如"考察散记""考察札记""考察日记"等都是接近散文体的考察报告。

事实上概貌介绍型考察报告，只具有"记游性"，但并不是游记。它们的最大区别是写作宗旨不同。概貌介绍型考察报告，为有关决策部门开发各种资源，制定有关发展计划提供科学资料与依据，实用性极强；而游记的主要目的，则是通过作者对游览地各类情况的特点的记叙，来抒发作者个人的情怀，折射时代的特征。抒情性浓郁。有些到国外访问考察的同志写成的考察报告，则更明显地具有"游记"的一些特点，所以往往被误认为是游记。

(2) 考证型考察报告

考证型考察报告的任务：作者通过有目的有计划的科学考察，对一般说法提出异议并予以纠正，确立新的科学结论；或对有争议的考察结果，表述自己的考察结论。

前人由于各种条件的限制，考察研究成果用今天的科学尺度去重新评议，难免有不准确或不精确之处。在科学技术蓬勃发展的今天，对前人研究成果已成定论的一般说法，即"通说"，或至今仍有争议的科学项目重新进行考察，以获得更精确的数据，得出符合事物本质规律的给论，是考察工作义不容辞的责任，是考察报告的重要内容。

考证型考察报告的特点是：以事实说话，由事实本身引出结论。由考察的事实中引出正确的结论，来纠正"通说"，或消除争议，或证实久而未决的考察结果，是"考证型考察报告"的主要特点。这类考察报告，是人们习惯中所认为的"正宗"型应用考察报告。

(3) 论证型考察报告

论证型考察报告的任务是：作者通过考察对错误的结论或言论予以驳斥，给人们以正确的引导。

论证型考察报告的论证语言除要求严密、精炼、准确外，也重视形象性。这样可以增强论证的说服力与感染力。

(4) 学术型考察报告

学术型考察报告往往是在专题考察的基础上深入开展探讨、研究，从中揭示事物发展的规律，探求客观真理，或形成某种理论体系，有很强的理论性和学术性。

学术型考察报告的特点是：有突出的科学性和创造性，注重社会价值、学术价值。

3. 考察报告的写作

(1) 实地考察离不开基础专业知识指导

考察与调查的关系极为密切，考察离不开调查，调查也离不开考察。但两者还是有区别的。考察侧重在观察、考核基础上的研究，调查侧重在采访、了解基础上的研究。因此，考察工作者必须亲自对考察对象进行实地的细致深刻的甚至是长期的观察，进而搜集考察对象的标本、资料、数据以供自己研究，必要时也可通过采访了解有关情况，以促进考察活动的开展。而调查工作者往往在接受任务进行调查对，调查的第一对象已消失，即事件、问题等已成往事，他们必须向目睹、或亲自参与某事、某问题、某工作的第二对象进行采访了解，收集有关资料、数据供自己研究，必要时也可以"蹲点调查"。"蹲点调查"，实质上就是考察。

简括地说，考察报告是在作者亲自参加实地观察考核的基础上完成的，而调查报告是在作者进行采访了解情况的基础上完成的。

实地考察，是考察报告写作的重要基础。

考察注重亲自观察，目的就是要抓观察对象的特征，但没有专业知识作指导，观察就是两眼一抹黑了。结果一无所获，或者得出错误的结论。丰富深厚的专业知识，既是考察活动的必备条件，也是写出有分量的考察报告的必备条件。

(2) 定体则无，大体须有

第一，考察报告的写作没有一成不变的"定法"、模式，但需要遵循它的基本格局。

不同类型的考察报告，可以有不同的结构样式，概貌介绍型的考察报告，常常采用散文体或日记体的结构样式。

考证型考察报告采用的是"正宗"的应用体结构样式，即"三段式"：开头、正文、结尾。

论证型考察报告则采用应用体与议论体相结合的结构样式。即报告的"前言"部分是应用体样式，扼要交代基本情况，而正文部分又是议论体样式，或并列式、或递进式、或分总、或总分等。

学术型考察报告，由于注重规律性的探讨，内容丰富，篇幅较长，所以结构样式也复杂些，或结论→本论，或本论→结论，或绪论→本论→结论等等。

不同类型的考察报告有不同的结构样式，就上述所言，也不是某种类型的考察报告一定要采用某种模式的结构样式。

考察报告的结构样式应与考察报告的宗旨相协调，同时要考虑读者的思维习惯，即要依循它自身的一些规律。

第二，前言要明确交代考察主体，考察地点、时间、对象、任务等。

第三，正文部分要将考察经过，考察得来的事实、数据和考察结果叙写清楚。论证型考察报告与学术型考察报告在这部分则要加强论证分析，阐明正确的观点或揭示事物内部的规律。

考察报告的结尾很灵活，既可以单独有结尾段，又可以将正文部分的结尾作全文的结尾。

考察报告表达方式的选择和语言的运用也很灵活。不同类型的考察报告，由于偏向于某种文体，因此，表达方式的选择和语言的运用也往往各有侧重。有的侧重于叙述说明，语言简洁准确；有的既可以叙述，也可以描写，语言简洁而又生动形象；有的则偏重于议论，语言要清晰准确。表达方式的选择及语言的运用，如同结构样式的选择一样，都要注意与考察报告的写作宗旨相协调。

参 考 文 献

[1] 王瑞芝. 中国腐乳酿造. 北京：中国轻工业出版社，2009

[2] 白殿一. 标准的编写. 北京：中国标准出版社，2009

[3] 成人培训技巧. 百度文库. http://wenku. baidu. com 2009

[4] 写作技巧 考察报考. 百度文库. http://wenku. baidu. com 2009

[5] 李兴昌. 科技论文与写作讲义. 百度文库. http://wenku. baidu. com 2009

[6] 张一鸣，黄卫萍. 食品工厂设计. 北京：化学工业出版社，2008

[7] 张忠义. 食品工厂设计. 北京：化学工业出版社，2007

[8] 白殿一. 标准编写指南. 北京：中国标准出版社，2007

[9] （日）渡边笃二等. 豆腐的科学. 日本：食品杂志社出版，2006

[10] 李里特，程勇强. 大豆食品安全标准化生产. 北京：中国农业大学出版社，2006

[11] 殷涌光. 大豆食品工艺学. 北京：化学工业出版社，2006

[12] 石彦国. 大豆制品工艺学. 北京：化学工业出版社，2005

[13] 李洪军. 食品工厂设计. 北京：中国农业出版社，2005

[14] 简明，金勇进，蒋研等. 市场调查方法与技术. 北京：中国人民大学出版社，2000

[15] 杨淑媛，田元兰，丁纯孝. 新编大豆食品. 北京：中国商业出版社，1989